내 강아지

건강 상담소

내 강아지
건강 상담소

초판 1쇄 인쇄일 2022년 1월 24일
초판 1쇄 발행일 2022년 2월 1일

감수 와카야마 마사유키
옮긴이 강현정 번역 감수 하니종합동물병원
펴낸이 김지영 펴낸곳 지브레인Gbrain
편집 김현주
마케팅 김동준 · 조명구 제작 김동영

출판등록 2001년 7월 3일 제2005－000022호
주소 (04021) 서울시 마포구 월드컵로7길 88 2층
전화 (02)2648-7224 팩스 (02)2654-7696

ISBN 978－89－5979－678－6 (13490)

- 책값은 뒷표지에 있습니다.
- 잘못된 책은 교환해 드립니다.
- 해든아침은 지브레인의 취미 · 실용 전문 브랜드입니다.

내 강아지 건강상담소

와카야마 마사유키 감수

강현정 옮김 하니종합동물병원 번역 감수

사람도 개도 굵고 길게 살자

의료 기술 등의 발달로 인간의 수명은 길어졌다. 십여 년 전만 해도 60대는 일에서 은퇴하고 유유자적한 생활을 하며 보냈다. 하지만 지금의 60대는 아직 현역이고, 70대에도 여전히 일 중심의 생활을 영위하는 분들이 적지 않다.

의료 기술의 발달은 개의 수명에도 영향을 끼쳤다. 12세를 넘기면 '장수'라고 하던 시대는 가고, 현재 개의 평균수명은 14세에 달하고 있다(15쪽 확인).

사람도 개도 장수하는 시대가 된 지금, 우리가 파트너로 함께 지내는 시간도 예전보다 길어졌다. 이렇게 주어진 이 연장시간을 가능한 의미 있고 즐겁게 지내고 싶을 것이다.

하지만 개도 노령견이 되면 어디 한군데쯤 상태가 나쁜 곳이 발견되기 마련이다. 컨디션이 나쁘면 기분이 안 좋아지기도 할 것이다. 개를 케어하는 반려인도 힘들지만 반려견도 힘들기 때문에 괴로운 것은 마찬가지다.

그렇기 때문에 반려인이 밝게 행동하는 것이 중요하다. 긍정적인 마음가짐으로 노화나 질병을 직면하다 보면 개의 감정도 누그러져 결과적으로 회복도 빨라진다. 표어는 '**굵고 길게**'이다. 지치지도 말고 포기하지도 말고 개와 지내는 지금 현재의 시간을 소중히 여기며 함께 오래오래 살아보자.

Contents

part 1

나의 강아지가 뽀송뽀송 건강하게 오래 살기 위해!

우리 강아지 케어 66

내 강아지의 몸의 변화에 맞는

사료 선택과 급여 방법 98

내 강아지의 뇌와 몸의 젊음 유지!

건강해지는 환경 조성과 생활방식 134

노령견에게서 발견되는 신체적 문제들!

알아두어야 할 기초 질병 지식 180

촬영에 협조해준 멍멍이들

아카리(토이 푸들)
앗(토이 푸들)
키라리(토이 푸들)
코테츠(미니어처 닥스훈트)
시로(믹스)
심(치와와)
모미지(미니어처 닥스훈트)
스즈카(요크셔 테리어)
루사(믹스)
로이스(믹스)

당신의 반려견은 지금 몇 살입니까?

소형견은 1세, 중 · 대형견은 2세면 성견이 된다. 일반적으로 노화가 시작되는 것은 6~8세로 알려져 있는데 그렇게 본다면 힘껏 뛰놀면서 지낼 수 있는 시간은 유감스럽게도 그리 길지 않다. 성견이 되면 노령기에 대해서도 생각해보아야 할 것이다.

어떤 개든 '노령기'는 다가온다.
노화의 속도를 늦출 수 있도록 케어하자.

견종이나 개체에 따라 개의 성질이나 성격은 각각 다르다. 강아지 때부터 침착한 개도 있고, 노령견이 되어도 침착해지지 못하는 개도 있다. 밥을 매우 좋아하는 개, 놀기를 매우 좋아하는 개, 산책을 매우 좋아하는 개 등 좋아하는 것도 각각 다르다. 하지만 분명한 사실은 어떤 개에게든 노화의 시기가 조만간 찾아온다는 것이다.

지금까지 평범하게 할 수 있었던 일을 하지 못하게 되거나 많이 연습했던 명령어를 잊거나 좋아하던 것에 흥미를 나타내지 않는 개도 있다. 개는 사람보다 빨리 성장하고 빨리 늙기 때문에 어떤 반려인은 홀로 남겨진 기분이 들기도 할 것이다.

안타깝지만 노화를 멈출 수는 없다. 하지만 속도를 늦출 수는 있다. 이 책에서는 훈련, 식사, 다이어트, 운동, 손질 등 다양한 관점에서 반려인이 할 수 있는 것을 소개해 당신의 반려견이 현재 노령견이 아니라고 해도 젊을 때부터 케어한다면 노화의 속도를 늦출 수 있도록 돕고 있다.

건강하게 보낼 수 있는 시간이 조금이라도 연장될 수 있도록 조금이라도 빨리 준비하자.

견종 특유의 질병이 있을 때 등록건수가 많은 견종에서 참고할 수 있는 사례도 더 많을 수밖에 없다.

1위 푸들
2위 치와와
3위 닥스훈트

출전 일반사단법인 재팬켄넬클럽
견종별 견적등록두수 2012년(1~12월)

순위	견종	등록두수	세부	두수
1	푸들	93,899	토이	92.855
			미니어처	118
			미디엄	73
			스탠다드	853
2	치와와	64,714		
3	닥스훈트	39,325	커닝헴	6,489
			미니어처	32,759
			스탠다드	77
4	포메라니안	15,937		
5	요크셔테리어	14,007		
6	시바	12,532		
7	시추	9,670		
8	말티즈	8,946		
9	프렌치 불독	8,026		
10	미니어처 슈나우저	7,705		
11	골든 리트리버	7,331		
12	파피용	6,881		
13	웰시코기 팸브룩	6,267		
14	래브라도 리트리버	4,894		
15	퍼그	4,510		
16	잭 러셀 테리어	4,796		
17	카발리어 킹 찰스 스파니엘	3,785		
18	미니어처 핀셔	3,666		
19	보더 콜리	3,265		
20	비글	3,011		

※ 21위 이하는 생략
※ 일본에서는 모든 반려동물을 등록하고 있어 통계가 가능하다.
※ 한국 농림축산식품부에서 발표한 21년 반려견 등록 정보에 따르면 우리나라 견종 등록 순위는 말티즈/푸들/포메라니안/믹스견/치와와/시추/골든 리트리버/진돗개 순이다.

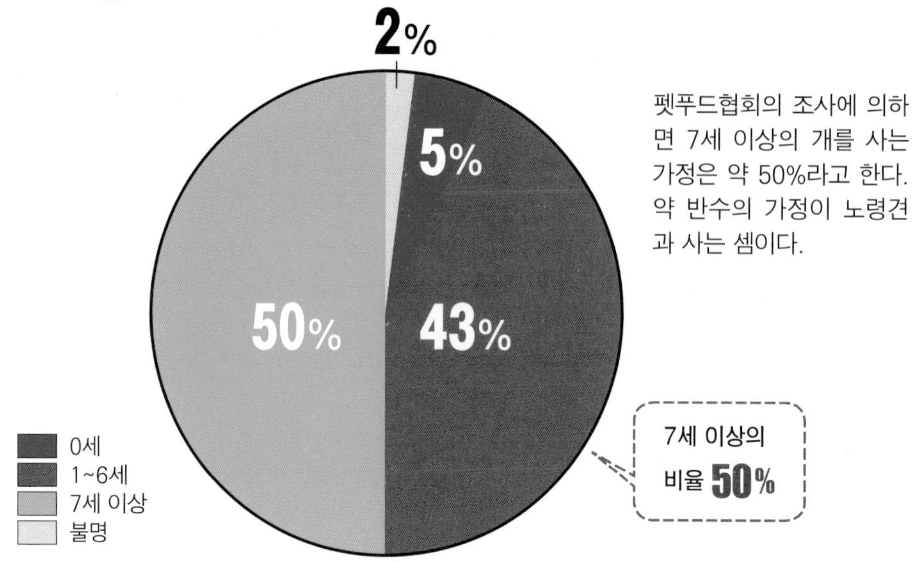

펫푸드협회의 조사에 의하면 7세 이상의 개를 사는 가정은 약 50%라고 한다. 약 반수의 가정이 노령견과 사는 셈이다.

※ 일본의 일반사단법인 펫푸드협회에서 실시한 '2012년 전국 개고양이사육실태조사'의 통계에서 발췌.

행동이나 체형의 경향은?

반려견의 체형이나 행동의 버릇을 체크해보자. 100% 장담할 수는 없지만 고령이 되면 발생하기 쉬운 트러블을 어느 정도 예측할 수 있다.

동체가 길고 마른 체형이라면?

닥스훈트처럼 동체가 긴 견종은 근육이 약해지면 허리를 받치는 힘이 없어진다. 마른 개일수록 그런 경향이 강하므로 주의해야 한다.

살이 좀 찐 대형견이라면?

체중이 무거우면 관절에 부담이 되어 무릎이나 허리 등의 질환으로 이어지기도 한다. 심장 등 순환기 트러블도 발생하기 쉬우므로 주의해야 한다.

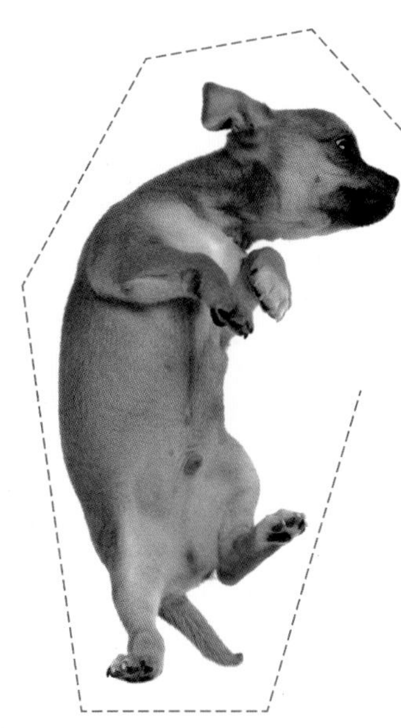

달려들기를 좋아한다면?

달려드는 순간 호흡기가 압박당하기 때문에 폐나 기관의 트러블에 주의해야 한다. 뒷다리에 관절통이나 요통이 생길 가능성도 있다.

집안에서 활발하다면?

집안을 활발하게 돌아다니는 개는 다리와 허리에 부담이 갈 수 있다. 마룻바닥은 미끄러지기 쉬우므로 주의해야 한다.

고개를 숙이고 걷는다면?

항상 아래를 보고 걷는 개는 허리나 무릎에 여분의 부담이 가기 때문에 관절질환에 걸리기 쉽다.

탄생에서부터 노령기까지

'개의 일생'을 살펴보자

개의 일생을 그래프로 정리해보았다. 활발하고 기운 넘치는 시기는 한순간이고 6~8세 때부터 노화가 시작된다. '노견인 것'이 결코 특수하지 않다는 것부터 받아들여야 한다.

1세 소형견은 성견이 된다

초소형견이나 소형견은 성장이 빠르기 때문에 약 1년 정도면 성견이 된다. 정신적으로는 아직 어린 면이 있지만 골격이 단단해지고 체력적인 면에서는 어엿한 어른이다.

노령견이 되는 건 순식간이지.

0세령 1세령 2세령 3세령 4세령 5세령 6세령 7세령 8세령

1~4개월령 강아지의 사회화기

호기심이 왕성하고 학습능력도 높은 시기. 이 시기에 개들끼리 사귀는 방법, 사람과의 관계, 다양한 환경에 적응하는 방법을 배우게 된다.

중대형견의 노화가 시작된다

빠르게는 6세를 넘기면서 노화의 조짐이 나타나기도 한다. 대사가 떨어지고 식욕도 감퇴. 일반적으로는 7세 전후가 시니어사료로 바꿔주는 시기로 본다.

2세 중·대형견이 성견이 된다

1세 반 정도면 조짐이 보이는데 일반적으로 중·대형견은 2세 전후에 성견이 된다. 소형견의 2배 이상이 걸린다.

성장 중.

일반적인 개의 평균수명 알아두기

개들의 평균수명을 조사한 바에 의하면 중대형견은 약 13세, 소형견은 약 14세, 초소형견은 약 15세 정도이다(상세한 내용은 아래의 데이터 참조). 이렇게 개의 수명은 '체구가 작을수록 긴' 경향이 있다. 한편으로 성장의 정도는 소형견이 더 빠르기 때문에 대형견은 성장할 때까지 시간이 걸리지만 늙는 것은 더 빠르다고 할 수 있다.

개의 수명은 견종이나 개체에 따라서도 다르기 때문에 100% 들어맞는다고 할 수는 없지만 일반적인 경향으로 알아두면 좋을 것이다.

내 반려견이 지금 어느 시기에 있는지 아래의 그래프로 확인하자. 노령기에 접어들 때까지 그리 시간이 남지 않았음을 실감하게 될 것이다.

노령견이 되면 어떻게 될까?

노화의 신호 ① 몸의 변화

매일 대하다 보면 좀처럼 발견하기 어렵지만
노화의 신호는 분명 몸의 변화로 나타난다.
케어나 산책, 마사지 등을 하면서 반려견의 몸을 체크해보자.

○ 갑자기 마르거나 살이 쪘다

노화로 인해 소화 · 흡수 기능이 떨어지면 소화불량에 걸려 몸이 마르게 된다. 반대로 노화 때문에 기초대사가 저하되어 살이 찌기도 한다.

○ 탈모가 심해진 것 같다

전체적으로 털이 빠지는 양이 늘어났다면 노화의 신호이다. 노화에 의해 신진대사의 활성이 떨어지기 때문에 털갈이 시기에는 장기적으로 털이 빠진다.

○ 눈이 하얗게 탁해졌다

노화가 진행되면 안구 트러블이 증가한다. 동공 안이 하얗게 탁해진다면 백내장을 의심할 수 있다. 수의사에게 상담해보자.

○ 비듬이 눈에 띄게 증가했다

비듬이 생기는 이유는 다양하다. 심한 스트레스로 비듬이 올라오기도 하고, 노화가 원인일 때에는 갑상선 기능저하, 피부의 건조함 때문에 발생한다.

○ 엉덩이의 살이 줄어들어 작아졌다

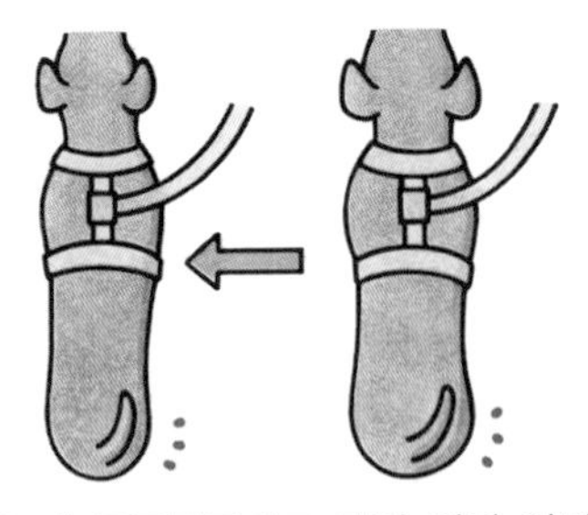

젊을 때 둥글둥글하고 탄력 있던 엉덩이 근육이 소실되어 전체적으로 앙상한 인상을 준다. 뒷다리의 힘이 약해지면 상반신에 비해 하반신이 작게 보인다.

○ 얼굴이나 발끝에 종괴가 생겼다

사람과 마찬가지로 개도 노령기에 접어들면 종괴가 잘 생긴다. 피부의 노화가 진행된다는 신호인데 질환의 원인이 되기도 한다.

○ 구취가 심해졌다

양치질을 해도 치석이 조금씩 쌓이기 마련이다. 치석은 잇몸이 빨갛게 붓는 치주염의 원인이 된다. 노견의 입에서 냄새가 나는 것은 대부분 치석 때문이다.

○ 백발이 눈에 띄게 많아졌다

개도 나이를 먹으면 백발이 증가한다. 코, 입, 눈썹 주변에 백발이 늘고 점차 온몸으로 번진다. 털의 윤기도 사라진다.

노화의 신호 ② 행동의 변화

마음의 노화가 진행되면 호기심을 잃게 된다. 좋아했던 놀이를 하자고 해도 고개조차 돌리지 않기도 한다. 그런데 몸의 통증 때문에 행동이 제한된 것일 수도 있다. 원인이 몸인지 마음인지 잘 관찰해서 구분하자.

○ 책상 등에 부딪친다

노화로 시력이 저하되면 방안의 가구나 테이블에 부딪치는 일이 많아진다. 근력저하나 치매 때문일 수도 있다.

○ 이전보다 행동이 느려졌다

근력이 저하되면 행동이 둔해진다. 또 등뼈, 허리, 고관절, 다리 등에 통증이 있어도 행동이 느려진다. 통증이 있어 보인다면 동물병원으로.

○ 불러도 반응하지 않을 때가 있다

청력이 약해지면 소리를 제대로 듣지 못하기도 한다. 또 들리기는 하지만 호기심이나 기력이 없어서 일부러 무시할 가능성도 있다.

○ 스킨십을 싫어하게 됐다

노화로 성미가 까다로워져서 터치를 싫어하는 개도 있지만, 특정 부위가 아파서 거부하는 것일 수도 있다. 아파할 때에는 동물병원으로.

○ 뒷다리의 보폭이 작아졌다

노화는 뒷다리에서 잘 나타난다고 한다. 산책 중에 앞다리와 뒷다리의 보폭을 비교해보자. 뒷다리의 보폭이 작다면 하반신에 통증을 느끼고 있을 가능성이 있다.

○ 소변 실수를 한다

방광 기능이 약해지거나 신경이 마비되면 배뇨를 컨트롤하지 못하게 된다. 소변이 쌓였다는 감각이 없어져 지리기도 한다.

○ 움직이자마자 숨을 헐떡인다

산책 중이나 산책 직후에 숨을 헐떡인다면 운동량이 너무 많다는 뜻이다. 안정 중에 호흡이 흐트러진다면 순환기 질환을 의심해볼 수 있다.

○ 놀이에 흥미가 없어졌다

심리적 노화가 진행되면 호기심을 잃게 된다. 지금까지 좋아하던 놀이에 흥미를 보이지 않기도 한다. 몸 어딘가에 통증이 있을 가능성도 있으므로 잘 관찰해보자.

배설물도 관찰하자!

소변의 이모저모

○ 평소와 냄새가 다르다

평소와 비교해서 냄새가 강하다, 단내가 난다, 시큼한 냄새가 난다 등은 어떤 트러블이 원인일 수 있다.

○ 소변이 탁하다

노견이 되어 면역력이 떨어지면 방광염에 걸리기 쉽다. 소변은 탁하고 물컹한 느낌이 있다.

○ 소변이 조금 빨갛다

소위 말하는 혈뇨이다. 처음부터 피가 섞인다면 신장, 나중에 피가 섞인다면 방광 등에 원인이 있다고 볼 수 있다.

○ 소변 횟수가 달라졌다

1일 횟수나 양이 크게 달라졌을 때에는 주의해야 한다. 많든 적든 문제가 있는 것이므로 수의사에게 상담하는 것이 좋다.

○ 소변의 끊김이 좋지 않다

노화로 근육이 약해지면 잘 끊어지지 않고 뚝뚝 새어나오듯이 한다. 전립선 부종이 원인일 수도 있다.

반려견의 소변이나 대변을 매일 체크하는 습관을 갖도록 하자. 노화로 인한 비뇨기나 소화기 트러블을 조기에 발견할 수 있다.

대변의 이모저모

○ 평소와 냄새가 다르다

소변과 마찬가지로 대변 냄새에 주의해야 한다. 평소와 같은 음식을 먹였는데도 냄새가 다르다면 수의사에게 상담한다.

○ 소화되지 않은 것이 섞여 있다.

소화기능이 약해지면 음식물이 소화되지 않은 상태로 나오게 된다. 소화가 잘 되는 음식을 먹이는 것이 좋다.

○ 대변이 물러졌다/딱딱해졌다

노화가 원인이 되어 설사나 변비가 생기기도 한다. 대장의 흡수기능이 약해진 것이 원인이다.

○ 표면이 번질번질하다

대변의 표면이 번질번질하거나 젤리 상태일 때에는 주의해야 한다. 점액이나 점막이 섞여 있을지도 모른다.

○ 빨갛거나 검다

빨간색이 선명하다면 대장에서, 검다면 소장과 위에서 출혈이 일어난 것일 수도 있다. 어느 쪽이든 빨리 동물병원으로 가야 한다.

○ 대변이 가늘다

노화로 장의 연동운동 힘이 약해지면 대변을 내보내기 힘들어진다. 전립샘 비대증이 원인일 수도 있다.

NO!

part 1

노령견이기에 더 중요한

재트레이닝

노령견에게는 멘탈 케어도 중요하다.
중요한 것은 결과보다 과정이다.
재트레이닝하면 반려인과 반려견의 마음은
더욱 단단히 연결될 것이다.

훈련은 필요!
성견이 되어도
포기하지 마세요!

기초지식 ❶ '성견이 된 후에도 훈련이 필요할까?

강제적으로 복종시키지 말고
부드럽게 규칙을 전달하자

인간 세계에는 규칙이 있다. 개의 '훈련'은 그 규칙에 익숙해지도록 하는 행위이다. 개의 연령은 상관없다. 노령견이 된 후에도 늦지 않았으니 제대로 규칙을 전달하자.

체크해보자!

당신의 반려견은 어디까지 가능한가?

- ☐ 이름을 부르면 돌아본다.
- ☐ 눈을 마주칠 수 있다.
- ☐ 식사 때 짖어서 밥을 재촉하지 않는다.
- ☐ 실내의 일정한 곳에 볼일을 볼 수 있다.
- ☐ 켄넬(이동장)에 들어가 얌전히 있는다
- ☐ 집에 사람이 없어도 짖지 않는다.
- ☐ 몸을 만져도 싫어하지 않는다.
- ☐ 앉아, 엎드려, 손을 할 수 있다.
- ☐ 산책 중에 옆에 붙어서 걷는다.
- ☐ 동물병원을 싫어하지 않는다.

체크 리스트의 결과 ★ 해설

왼쪽의 항목에는 사회화(경험을 축적해 사람이나 다른 개나 환경에 익숙해지는 것)에 관한 내용도 포함되어 있다. 고령화가 진행되면 '처음 배우는 것'이나 '처음 접하는 것'에 익숙해지기가 어렵다. 가능한 이른 나이에 다양한 경험을 하게 해주자.

☑가 3개 이내

다시 한 번 노력해봅시다!

안타깝지만 규칙을 이해하고 있다고 할 수 없다. 이대로 가다가는 고생만 늘어날 것이다. 하지만 성견이든 노령견이든 포기할 필요는 없다. 많은 경험을 하면서 끈기 있게 가르치면 된다.

☑가 4개 이상 6개 이내

합격! 이 정도만 가능해도 충분하다

합격이다. 당신의 반려견의 학습도는 '거의 평균적'이라고 할 수 있다. 하지만 안심해서는 안 된다. 앞으로 노화로 인해 이전에는 잘 하던 것들을 하지 못하게 될 수도 있다. 심신이 모두 건강하기 위해서는 트레이닝이나 경험을 쌓아줘야 한다.

☑가 7개 이상 9개 이내

꽤 하는 수재견이다!

상당히 우수하다. 이대로 나이를 먹어도 괜찮을 것이다. 건강적인 측면에서도 충분히 배려하자. 아무리 똑똑한 개라도 병은 이길 수 없다. 가능한 오래도록 튼튼하고 즐겁게 살 수 있도록 컨디션 관리에 신경 쓰자.

☑가 전부 다 체크된 개

축하합니다! 대단한 천재견이다!

완벽하다! 뭐든 할 수 있는 대단한 개다. 반려인도 지금까지 노력했을 것이다. 사람도 개도 고령기를 맞게 되면 마음과 마음의 연결이 더 소중해진다. 커뮤니케이션을 거르지 말고 좋은 관계를 유지하자.

확실하게.
상쾌하게.

○가 가능하게 하고 싶은 것 △가 가능하면 좋은 것

성견이 된 이후에는 반려인이 '뭐든지 할 수 있는 개'가 되기를 욕심 부려도 좀처럼 잘 되지 않는다. 먼저 '○와 △'로 구분하여 연습하는 우선순위를 정해서 초조해하지 말고 순서에 따라 연습해보자.

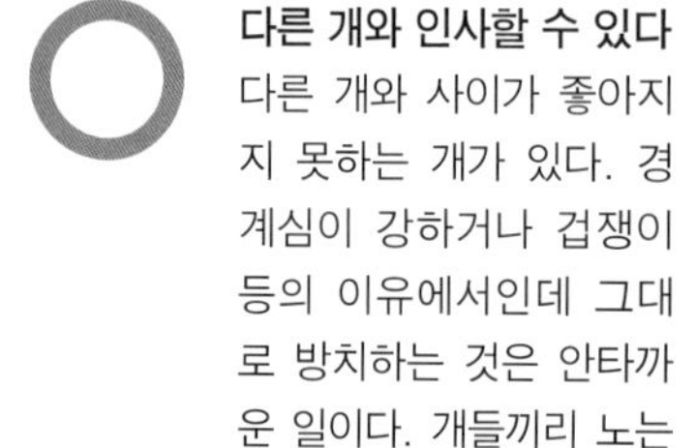

다른 개와 인사할 수 있다

다른 개와 사이가 좋아지지 못하는 개가 있다. 경계심이 강하거나 겁쟁이 등의 이유에서인데 그대로 방치하는 것은 안타까운 일이다. 개들끼리 노는 재미를 경험시키기 위해서도 조금씩 훈련시키자.

밖에서 볼일을 제대로 볼 수 있다

개를 싫어하는 사람들이 하는 지적 중 대부분을 차지하는 것이 나쁜 매너이다. 대소변을 방치하는 반려인이 줄지 않는 한 개를 싫어하는 사람도 줄어들지 않을 것이다. 밖에서 배설할 때도 배변패드를 사용하는 등 충분히 신경 쓰도록 하자.

켄넬이 안심할 수 있는 장소가 되어 있다

켄넬이 '안심할 수 있는 장소'가 되어 있다면 여행을 갈 때나 통원할 때도 안심할 수 있다. 또 재해가 발생했을 때에도 아주 유용하다. 평소 켄넬에 익숙해지게 하자.

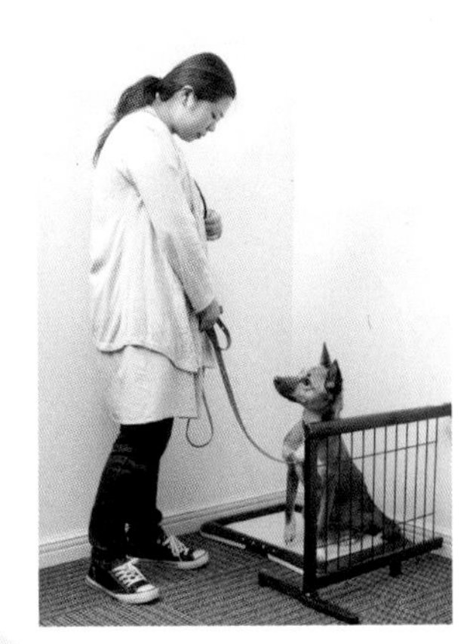

실내의 일정한 장소에 볼일을 볼 수 있다.

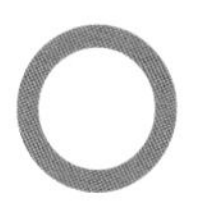

'산책 = 볼일 보는 시간'이 되어 있지는 않은가? 고령견에게도 산책은 필요하지만 나이를 먹을수록 실내에서 지내는 시간이 점점 길어지는 것도 사실이다. 조만간 실내의 일정한 장소에서 배설하는 습관을 들이도록 하자.

모르는 사람을 봐도 짖거나 으르렁거리지 않는다

모르는 사람에게 짖는 것은 반려인 이외의 사람을 접한 경험이 적기 때문이다. 경험을 쌓아주고 싶다면 젊을 때 하는 것이 좋다. 고령이 되면 새로운 경험을 받아들이기 어렵기 때문이다.

도그런에서 즐겁게 놀 수 있다.

도그런에는 다양한 개가 오는 만큼 주의를 게을리해서는 안 되지만 개들끼리 노는 체험 역시 중요하다. 그 재미는 다른 곳에서는 맛볼 수 없기 때문이다. 다수의 도그런에 가서 적극적으로 놀게 하자.

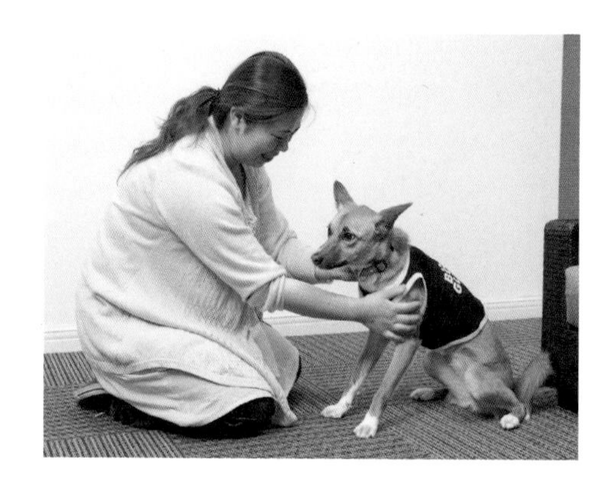

옷을 싫어하지 않고 입힐 수 있다

옷은 털빠짐이나 추위에 효과적이지만 필수는 아니다. 하지만 스킨십을 싫어하지 않는 것은 중요한 만큼 터치를 연습해두자(58쪽).

손질을 싫어하지 않는다

건강을 유지하는 의미에서 손질은 매우 중요하기 때문에 힘들다고 포기해서는 안 된다. 못하면 못하는 대로 느긋하게 마음먹자.

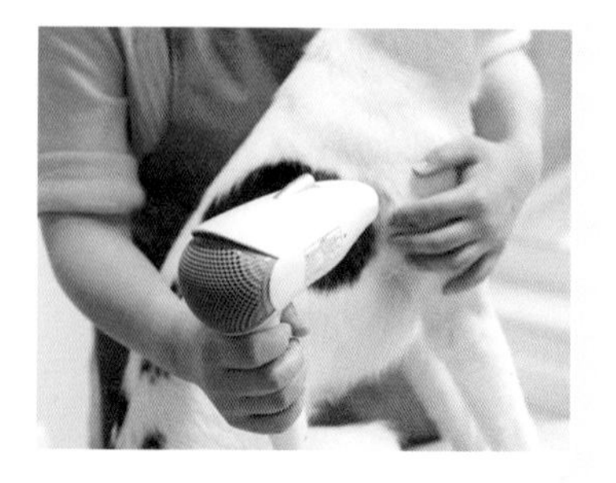

산책 시 끌어당기지 않고 잘 걷는다

힘이 센 대형견이 아니라면 다소 끌어당기는 정도는 괜찮다. 개의 몸 방향을 컨트롤하기 쉬운 하네스(이지 워크 등)를 사용하는 등 방법을 찾아보면 잘 대처할 수 있을 것이다.

'앉아' '기다려' 등의 지시어를 따를 수 있다

커뮤니케이션을 한다는 의미에서 지시어 트레이닝은 중요하지만 꼭 필요한 것은 아니다. 함께 노는 식으로 연습해 보자.

노령견의 여생은
반려인의 판단에
따라 결정된다.

기초지식 ❸ 훈련을 하지 못하게 되었다면?

포기하면 거기서 끝이다.

반려견이 할 수 없는 이유를 생각하자

말을 못하는 개는 몸이 아파도 하소연할 수 없다. 반려견이 어떤 여생을 보낼지를 결정하는 사람은 바로 반려인이다. 노화의 조짐이 있어도 포기하지 않는다면 즐거운 시간을 좀 더 연장시킬 수 있다.

'나이 때문에'라고 쉽게 포기하지 말자

노령견이 되어서 체력이 약해지면 질병에 걸리기 쉽다. 또 사소한 일로도 컨디션이 무너지는 일이 잦아진다. 그럴 때 '아무래도 나이가 있으니 어쩔 수 없지'라고 포기하지 않는 마음가짐이 중요하다.

노견도 컨디션이 좋아지면 건강을 회복할 수 있고 건강이 회복되면 다시 운동할 수 있게 된다. 상태가 조금 나쁘다고 해서 '나이가 있으니까' '고령이니까'라고 포기해버리면 반려견의 노화는 가속화될 뿐이다.

예를 들어 산책 중에 자주 멈추는 상황을 생각해보자. '노견이니까 어쩔 수 없지'라는 생각으로 산책

을 그만두면 개는 근력이 떨어져 다리와 허리가 약해지고 점차 걷지 못하게 된다. 이렇게 되면 얼마 후에는 실내에서도 거동하기가 힘들어지고 곧 '누워만 지내게' 된다.

개는 사람의 말을 하지 못한다. 혹여 걷고 싶지 않은 원인이 나이 때문이 아니라 관절 통증 때문이라는 사실을 알았다고 해도 누워 지내게 된 후라면 때늦은 후회일 뿐이다. 안타깝지만 다시 건강하게 걸을 수 있게 되는 케이스는 드물다.

반면 상담한 수의사가 관절의 통증을 완화시키는 처방을 하고, 반려인이 노력해서 근력이 떨어지지 않도록 조절하며 잘 걷게 한다면 산책을 즐길 수 있는 날이 다시 찾아올 것이다. 그러니 '이제 안 되겠다'라고 쉽게 결정하지 않는 것이 중요하다.

수의사에게 '노견이니 어쩔 수 없다'라는 진단을 받더라도 바로 수긍하지 말고, 세컨드 오피니언을 구하는 것도 고려해보자.

개는 사람보다 수명이 짧기 때문에 건강 면에서 즐겁게 지낼 수 있는 시간도 한정되어 있다. 그렇기 때문에 조금이라도 즐거운 시간을 연장시킬 수 있도록 우리가 도와주어야 한다.

개의 간호는 정말 움직이지 못하게 되었을 때 본격적으로 시작된다. 반려인이 포기하는 순간 회복의 가능성도 사라져버린다.

예 14세의 노령견

산책 중에 자주 멈춰 선다

동물병원에서
진료

운명의
갈림길

수의사 A

어디가 아픈 것일 수도 있으니 자세히 검사해보죠.

근력이 떨어지지 않도록 거리를 짧게 해서 산책을 속행

병원에 다니는 동안 관절의 통증이 없어졌다.

통증이 사라졌다. 다시 건강하게 걸을 수 있게 되었다.

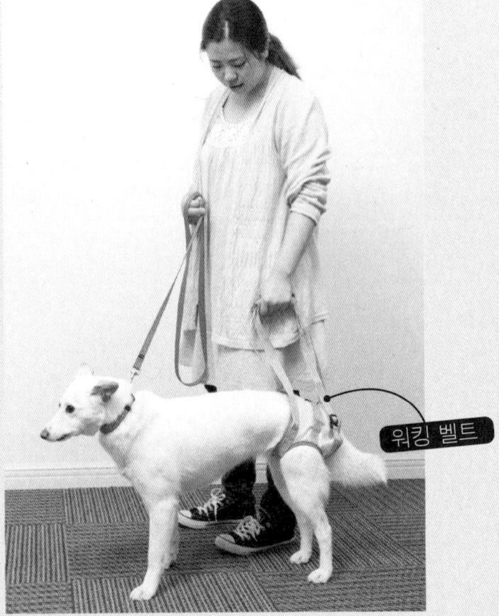

노화는 뒷다리부터 시작된다. 혼자 힘으로 서지 못하는 개는 워킹벨트로 보조해주면 걸을 수도 있다.

수의사 B

나이가 있다 보니
어쩔 수 없네요.
무리해서 걷게 할
필요는 없습니다.

걷지 않게 된 후부터
다리와 허리가 약해졌다.

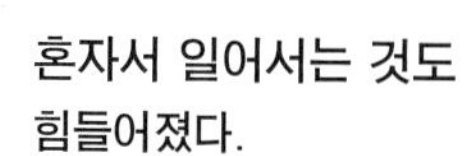

혼자서 일어서는 것도
힘들어졌다.

더 이상 걸을 수 없다.
매일 누워서 지내게 되었다….

재확인하자! ❶ 식사 훈련

꼭 깨끗하게 다 먹을 필요는 없다. 하지만 요구하며 짖고 으르렁거리고 빨리 먹는 것 등이 습관이 되어서는 안 된다. 다시 체크해보자.

'요구하면 나온다'가 당연하지 않도록

건강을 생각한다면 가장 문제가 되는 것은 식사 내용과 양일 것이다. 먹는 방법 자체는 별 문제가 되지 않는다. 오히려 식사 훈련에서 중요한 것은 반려인과의 관계이다.

식사할 때 '요구하는 짖기'나 '재촉'이 습관화되면 개는 '요구하면 나온다'라고 생각할 수밖에 없다. 개는 머리가 매우 좋고 항상 반려인의 반응을 관찰하기 때문에 이것이 당연시 되면 산책을 하고 싶을 때, 놀고 싶을 때 등 다른 상황에서도 요구하는 버릇이 생기므로 주의해야 한다.

이럴 때는? 케이스 ①

짖으면서 재촉한다 · 달려든다

❶ 짖으면서 재촉

개는 머리가 좋은 동물이다. 음식봉투나 식기만 봐도 음식이 나올 것을 안다. '멍멍(빨리빨리)' 하고 요구해서 음식이 나오면 다음에도 또 '짖어야지'라고 생각한다. 그리고 '재촉하면 나온다'고 생각하게 된다.

❷ 전력질주로 달려든다

달려들어 요구할 때에도 마찬가지이다. '할 수 없지' 하고 음식을 주게 되면 '달려들면 빨리 받는구나'라고 생각한다. 매너가 없다기보다는 요구하면 나온다고 생각하는 것인데, 이것이 더 문제이다.

❸ 얌전히 있으면 준다

짖어서 재촉하거나 달려들면 음식을 치우고 얌전히 기다리고 있을 때에만 준다. '소란을 피우면 받지 못한다'는 것을 교육시킨다.

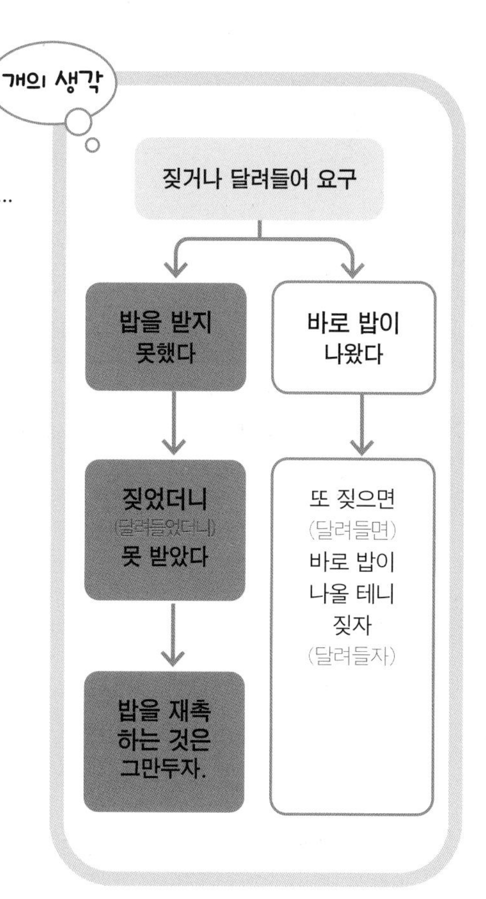

이럴 때는? 케이스 ②

식사 중에 손을 내밀면 으르렁거린다

손으로 음식을 줘서 '뺏지 않는다는 것'을 가르친다

식사 중에 손을 내밀면 으르렁거리는 개가 있다. 이것은 '음식을 뺏긴다'라는 오해에서 나오는 행동이다. 자칫 교상사고로 이어질 위험도 있으므로 평소 추가로 주는 밥은 손으로 주는 습관을 들여야 한다.

이럴 때는? 케이스 ③

와구와구 빨리 먹는다

천천히 먹는 습관이 들도록 연구

밥을 빨리 먹으면 소화가 잘 안 되는 것은 개나 사람이나 마찬가지이다. 한 끼 식사량을 소분해서 주는 것만으로도 먹는 속도를 떨어뜨릴 수 있다. 또 안쪽에 홈이 패여 있어 빨리 먹는 것을 막을 수 있는 급체 방지용 식기도 판매되고 있다.

'콩으로 식사' 습관을 들이자

씹는 감촉이 좋은 고무로 만들어진 콩은 원래 미국에서 제작된 장난감이다. 콩은 내부가 비어 있는 구조인데 여기에 간식이나 음식을 채워 넣으면 혼자 놀 수 있는 장난감으로 사용할 수 있다. '식사는 그릇에 담아서 준다'라고 정해둘 필요는 없다. 이따금 콩에 음식을 채워 주는 것도 좋은 방법이다. 콩으로 먹을 때에는 빨리 먹을 수가 없기 때문이다.

반려견에게
맞는 콩을 선택하자.

건사료를 안에 넣은 후 전용 페이스트나 불린 건사료를 뚜껑을 덮듯이 상하의 구멍에 넣는다.

재확인하자! ❷

화장실 훈련

'화장실 트레이닝 = 강아지의 훈련'이라고 생각할 필요는 없다. 만약 실수를 반복한다면 다시 한 번 트레이닝에 도전해보자.

● **화장실 조짐**

① 빙글빙글 돈다
② 안절부절 못한다
③ 흙 파는 시늉을 한다

리드를 잡은 상태로 배설할 때까지 기다린다

사진과 같이 리드를 잡고 있으면 개의 행동을 제한할 수 있다. 배설이 시작될 때 '하나 둘, 하나 둘' 하고 구령을 붙여 신호로 삼는 것도 좋은 방법이다.

배변판 옆에 울타리를 설치한다

배변판은 방의 한구석에 둔다. 옆에 울타리 등을 설치해서 움직이지 못하도록 공간을 한정하면 배변판에서 삐져나오는 일이 없다.

성견이 되어서도 OK 기분 좋게 가르치자

실내사육을 하는 가정견이라면 한번쯤 트레이닝을 경험했을 것이다. 하지만 산책 중에 배설하는 것이 일상적인 습관이 되면 기껏 익힌 실내에서의 배변 습관이 애매해진다. 이때는 이미 성견이 되었어도 재트레이닝을 하는 것이 좋다.

개에게는 본래 '정해진 장소에서 배설한다'는 습관이 없다. 없는 습관을 들이려고 하는 것인 만큼 반복적으로 훈련할 필요가 있다.

다시 한 번 트레이닝

화장실 연습

화장실 재트레이닝은 리드를 달고 한다. 화장실 조짐(오른쪽 참조)이 있을 때 리드를 채우고 화장실까지 유도한다. 잘 했다면 그 자리에서 간식을 주고 칭찬한다.

화장실 트레이닝 순서

① 사방을 막은 배변판을 준비한다.
② 마려워 할 때 유도.
③ 성공하면 그 자리에서 간식을 준다.
④ 울타리를 떼어낼 때까지 반복한다.

만 약

제대로 하지 못했다면 울타리에 가둬둔다!

옆에 울타리를 놓아도 움직일 수 있다면 배변판의 사방을 울타리로 막고 연습한다. 배변판 위에서 볼일을 성공했다면 주변의 울타리를 한 장씩 떼어낸다. 최종적으로는 울타리에 가두지 않아도 제대로 할 수 있을 때까지 반복적으로 연습한다.

공간적인 여유가 있다면…

'특대형 배변판' 세팅도 OK!

공간적인 여유가 있다면 배변패드를 여러 장 깔아 놓고 연습할 수도 있다. 방법은 간단하다. 화장실 조짐이 있을 때 그곳으로 안내하기만 하면 된다. 잘 했다면 간식을 주고 칭찬한다. 다음에는 배변패드를 1장씩 줄이면서 시도한다. 패드를 1장씩 줄이면서 연습하면 마지막에는 1장만 깔려 있어도 배설할 수 있게 될 것이다.

많이 깔아두면 실수하지 않는다. 배변패드에 배설하는 것이 습관화되면 밖에서도 활용할 수 있다.

밖에서 볼일을 볼 때의 올바른 매너

외출할 때에는 배변패드를 지참하여 바로 꺼낼 수 있도록 준비하자. 실외에서 마려워할 때도 이것이 있다면 안심할 수 있다. 또 배변패드는 흡수성이 좋기 때문에 만약 패드를 벗어나 배설해도 패드로 바닥의 더러운 부분을 깨끗이 닦아내면 된다.

● 배변패드를 사용할 때

① 배변패드를 펼친다.
② 배변패드 위에 배설.
③ 배변패드를 봉투에 넣어 가지고 돌아온다.

● 타이밍을 놓쳤다면

소변 ① 물병의 물로 씻는다.
② 씻은 물을 배변패드로 닦는다.
③ 배변패드를 가지고 돌아온다.

대변 ① 대변을 집어 대변봉투에 넣는다.
※ 이하, 소변의 ①~③의 순서와 같다

배변패드로 장난을 친다면 **배변판을 사용해보자**

배변패드의 감촉이 재미있어 갈기갈기 찢어버리는 개가 있다. 그럴 때에는 메쉬가드가 있는 배변판을 선택한다. 플라스틱 메쉬는 통기성이 좋고 젖어도 떼어내어 씻을 수 있어 위생적이다.

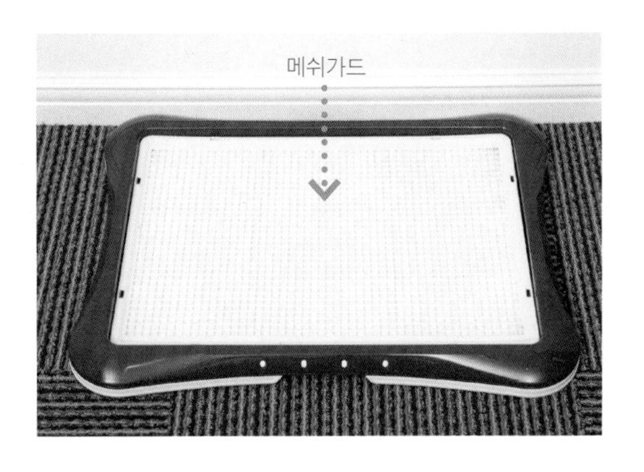

개체마다 취향이 달라 반들반들한 매쉬 감촉을 싫어하는 개도 있으므로 주의.

재확인하자! ❸

하우스 훈련

개를 실내에서 키운다면 안심할 수 있는 안전한 장소를 확보하는 것이 중요하다. 도그 베드와는 별도로 켄넬을 준비해 트레이닝 시키자.

켄넬 트레이닝

STEP 01

켄넬에 길들여서 문을 닫아도 되는 상태로 만든다

켄넬에 익숙하지 않은 개라면 일단 켄넬의 형태부터 익숙해져야 한다. 제일 먼저 1과 같이 켄넬의 지붕을 벗기고 간식을 뿌려서 유도한다. 켄넬에 들어간 상태에서 간식을 준다. 그 후에는 2~4의 순서대로 단계적으로 길들인다. '켄넬=좋은 일이 있는 장소'라고 생각하도록 서서히 습관을 들인다.

간식을 뿌린 후 개가 안으로 들어가면 간식을 준다.

1

켄넬 하부에 익숙해지게 한다

2

켄넬의 지붕을 덮어 익숙해지게 한다

켄넬 트레이닝으로 '안심할 수 있는 장소'를 만든다

켄넬(하우스)은 개를 '감금하는 곳'이 아니라 휴식을 취하거나 잠자는 안심할 수 있는 장소이다. 한 번도 사용한 적이 없거나 전에는 사용했지만 최근에는 사용한 적이 없다면 켄넬 트레이닝을 해보자.

켄넬이 '좋아하는 곳'이 될 수 있다면 반려인이 바쁠 때 혼자서 지낼 수 있다. 외출이나 여행 시 켄넬을 가져가면 환경이 변해도 안정적으로 지낼 수 있을 것이다.

3

켄넬 문의 개폐에
익숙해지게 한다

4

문을 잠가도 아무렇지 않다

켄넬 트레이닝

STEP 02

유도하기만 해도 스스로 이동장에 들어가게 한다

켄넬이 좋아하는 장소가 되어 개가 먼저 '들어가고 싶다'라고 생각하게 되었다면 손가락으로 가리키는 포즈를 취하고 '하우스'라고 말하면서 안으로 유도한다. 수신호(검지)와 음성신호(하우스)를 동시에 배우면 간식으로 유도하지 않아도 들어가게 될 것이다. 개가 켄넬에 들어가면 조용히 문을 잠그고 모습을 살펴본다. 처음에는 단 1분이라도 괜찮다. 조금씩 시간을 연장시킨다. 지루하지 않도록 사료를 넣은 콩(39쪽 참조)을 주는 것도 좋은 방법이다.

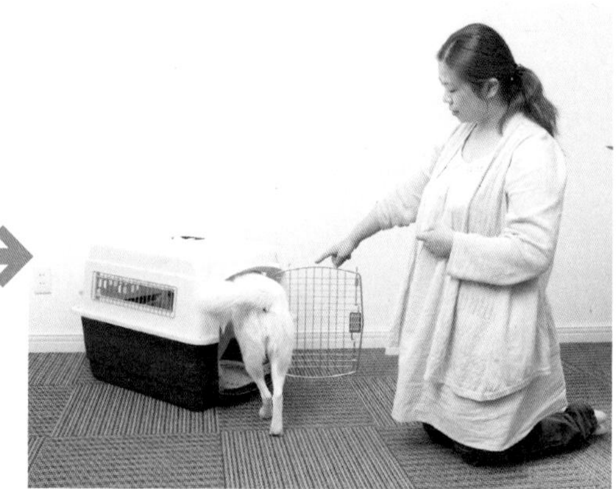

켄넬이란 무엇인가?

원래는 상품을 운송하기 위해 만든 플라스틱 컨테이너를 가리키는 용어인 크레이트를 개 전용 하우스로 상품화한 것이다. 크레이트는 주로 비행기에 반입하는 컨테이너로 사용되었다. 하우스로 이용되는 이유는 통기성이 좋고 물로 씻을 수 있는 편리함 때문이다.

켄넬의 사이즈에 대해서 생각해보자

‘딱 맞게’와 ‘여유 있게’ 중에 어느 쪽이 좋을까?

여유가 있다면 ‘딱 맞게’와 ‘여유 있게’ 두 가지 사이즈를 준비한다. ‘딱 맞게’는 안에서 빠듯하게 방향전환을 할 수 있는 크기이다. 조금 옹색해 보이지만 단시간이라면 좁은 장소에서 좀 더 안정을 취할 수 있다. 반면 ‘여유 있게’는 조금 큰 사이즈이다. 잠자리로 이용할 때에는 이 사이즈를 사용하면 좋다.

여유 있게

안정을 취할 수 있는 장소는 많을수록 좋다!

도그베드도 병용하자

개가 안정을 취할 수 있는 장소를 한 곳으로 한정할 필요는 없다. 공간적 여유가 있다면 켄넬과는 별도로 도그베드를 마련한다. 켄넬과 베드는 다른 장소에 두고, 그날의 기분이나 실내온도에 따라 마음대로 사용할 수 있게 해주자. 어디에서 자든 OK다.

도그베드를 ‘잘 때 사용하는 것’으로 한정할 필요는 없다.
안정적으로 휴식을 취할 수 있는 장소에 두자.

재확인하자! ④

집에 사람이 없을 때의 규칙

집을 비웠을 때의 세팅이나 반려인의 행동방침에 대해 설명한다. 집안에 혼자서 얌전히 지낼 수 있는 반려견으로 훈련시키자.

규칙 1 화장실과 켄넬은 가능한 멀리 떨어뜨려 둔다

켄넬, 물, 장난감, 배변판은 부재중 필수품이다. 먼저 켄넬과 배변판을 가능한 멀리 떨어뜨려 둔다. 부재중 원형서클을 설치할 때에도 내부 배치는 동일하다.

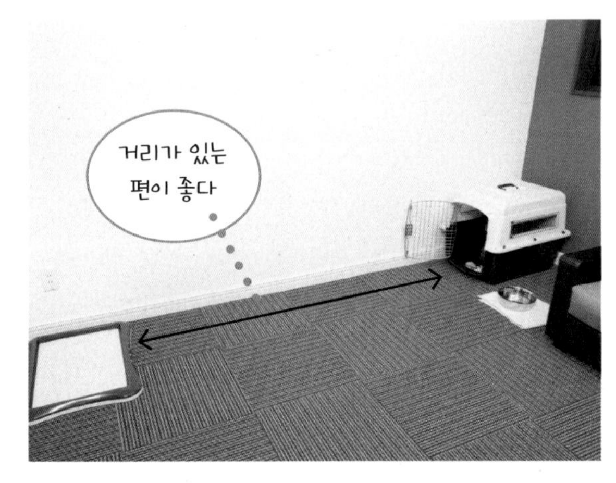

규칙 2 켄넬 옆에 물이나 장난감을 준비한다

물은 켄넬 옆에 둔다. 혼자 놀기용 장난감류는 물이 담긴 용기 옆에, 콩은 켄넬 안에 두면 된다. 장시간 집을 비울 때는 콩에 간식을 넣어준다.

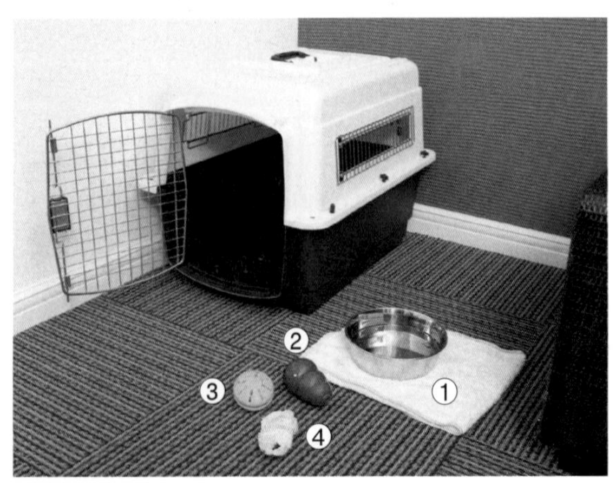

① 물
② 콩(음식을 넣은 것)
③ 지육완구(음식을 넣은 것)
④ 씹을 수 있는 장난감

'사람이 집에 없는 것은 특별한 일'이라고 생각하지 않도록 한다

24시간 내내 개와 붙어 지내는 반려인도 있겠지만 개를 데리고 다니기 곤란한 용건도 있을 테니 평소 혼자 집을 지키는 데 익숙해지게 할 필요가 있다. 중요한 것은 외출할 때 소란을 떨지 않는 것이다. 인사를 하는 것은 상관없지만 호들갑스럽게 한탄하거나 사과할 필요는 없다. 반려견이 '일상적인 일'이라고 느끼게끔 행동하자. 집에 돌아왔을 때에도 '미안미안' '외로웠지?' 등의 말은 삼가고 '다녀왔어'라는 간단한 인사면 충분하다.

규칙 3 나갈 때나 들어올 때나 소란스럽지 않게 말을 건다

일부러 무시할 필요는 없다. 나갈 때 '다녀올게.' 하고 말을 걸며 몸을 터치한다. 돌아왔을 때에도 자연스럽게 '다녀왔어.' 하고 말을 건다. 상으로 간식을 줄 필요도 없다.

갑자기 나가지 말고
평소 '혼자인 상태'에 익숙하게 한다

평소에 의식적으로 '혼자 있는 시간'을 만들어준다. 항상 붙어 있는 상태는 바람직하지 않다.

부재중에 관한 Q&A

우리 개는 사람이 집에 없을 때 짖어요.
이웃에 피해를 주고 있는데 어떻게 해야 할까요?

'지루함' '외로움' '불안함' 등 짖는 이유는 반려견마다 다양합니다. 일단 혼자 놀 수 있는 장난감을 많이 준비해주세요. 반려인과의 분리불안(떨어져 있는 상태를 불안하게 느끼는 것)이 원인이라면 외출하지 않을 때에도 '혼자 있는 시간'을 설정하고 조금씩 익숙해지게 하세요. 이웃에게는 불평이 나오기 전에 '시끄럽게 해서 미안하다'고 미리 사과하세요.

맞벌이를 하게 되었는데 장시간 집을 비우는 게 걱정이에요. 괜찮을까요?

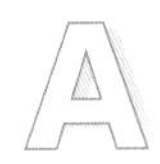

가정마다 사정은 다르기 마련입니다. 좋은 환경을 갖춰주는 것도 중요하지만 개도 가족의 일원인 이상 상황에 적응할 수밖에 없어요. 그러니 미안하게 생각할 필요는 없습니다. 개는 적응력이 있는 동물이기 때문에 서서히 '외로운 상태'에도 익숙해질 것입니다. 주중에 상대해주지 못했다면 주말에 더 즐겁게 놀아주세요. 소풍이나 여행을 데려가는 것도 좋은 생각입니다.

켄넬에 음식이나 간식을 채운 콩을 넣어두면 혼자 있는 시간도 지루하지 않다. 지육완구도 추천.

집을 비우면 장난이 심해요. 서클에 가둬야 할까요?

망가뜨리면 안 되는 물건이 있다면 서클을 설치하는 방법도 있지만 가둬둔다고 해서 해결되는 것은 아닙니다. 집에 사람이 없을 때 장난을 치는 것은 지루해서예요. 지루하지 않도록 혼자 놀 수 있는 장난감을 많이 준비해주세요. 지육완구에 특별한 간식(치즈나 저키 등)을 넣어두는 것도 좋은 방법입니다. 머리를 쓰는 동안 시간이 흘러가니까요.

집을 자주 비우는데 함께 놀 상대가 있으면 좋을 것 같아요.
한 마리 더 키워도 될까요?

사이좋게 지내는 개가 있다면 사람이 없어도 즐겁게 지낼 수 있는 것은 사실입니다. 여건이 허락된다면 충분히 고려해보세요. 단 여러 마리를 키울 때에는 개들 사이의 궁합이 중요합니다. 사이가 나쁘면 역효과가 나거든요. 연령차도 6~8세 정도가 좋습니다.

만약의 경우를 대비하여 외출할 때는 물을 많이 준비

외출했던 반려인이 사고를 당하거나 일이 생겨 바로 집에 돌아오지 못하는 상황이 벌어질 수도 있다. 이럴 때 믿을 수 있는 것은 물뿐이다. 물만 있어도 목숨을 연명할 수 있기 때문이다. 외출 시에는 여러 장소에 물을 담은 용기를 준비하자.

물을 여러 곳에 놓아둔다.

재확인하자! ⑤

산책 규칙

'산책=의무'가 아니다. 운동량만 충족시킨다고 다가 아니라는 뜻이다. 함께 걷는 시간이 즐거워질 수 있는 방법을 연구해보자.

기본 리드를 쥐는 방법

⇦ 'J자'를 거꾸로 그리는 정도의 길이를 유지

⇩ **손목을 통과시켜 쥔다**

리드 끝의 원을 한손의 손목에 넣고, 다른 한손으로 가볍게 잡아 전체의 길이를 조절한다.

근력 유지와 리프레쉬 산책은 노화 예방에 도움이 된다

산책은 노령견에게도 중요한 습관이다. 노화로 체력이 약해져 장시간 걷지 못하게 되었어도 근력을 유지하는 의미에서 대단히 중요하다. 짧은 시간이라도 밖에 나가면 기분전환이 되고 뇌가 활성화된다. 또 코스나 시간을 정하지 않은 채 걷다 보면 자극을 받게 되고 이 자극은 노화를 예방한다. 즉 산책은 그만큼 몸과 뇌에 좋다고 할 수 있다. 날씨가 나쁜 날까지 무리할 필요는 없지만 맑은 날에는 가능한 밖으로 데리고 나가자.

규칙 1 산책 시간을 즐긴다

산책은 일과이지만 '꼭 이 정도는 걸어야지'라고 정해져 있는 것은 아니다. 가벼운 마음으로 즐기는 것이 좋다.

한여름에는 햇살이 강한 시간대를 피하는 것이 좋지만 다른 계절에는 시간대를 정하지 않아도 된다. 산책코스도 매일 바꾸는 것이 좋다. '산책을 반려인의 의무'라고 생각하면 즐겁지가 않다. 시간을 내서 하는 외출인 만큼 개와 함께 하는 시간이 즐거울 수 있도록 방법을 연구해보자.

규칙 2

냄새 맡기를 '시킨다' '시키지 않는다'를 확실하게 정한다

개는 취각이 예민해서 냄새를 맡으면서 다양한 정보를 수집한다. 산책 중에 '냄새 맡기'를 금지할 필요는 없지만 자유롭게 냄새를 맡게 하면 전봇대나 벽에 마킹을 하기도 한다. 따라서 반려인이 '냄새를 맡아도 되는 장소'와 '냄새를 맡으면 안 되는 장소'를 확실하게 정해두는 것이 좋다.

냄새 맡기 OK
↓
천천히 걷는다

냄새 맡기 NG
↓
종종걸음으로 걷는다

광장이나 풀숲 등 냄새를 맡아도 상관없는 장소에서는 천천히 걷는다.

주택가나 상점가 등 냄새를 맡지 않았으면 하는 곳에서는 조금 빨리 걷는다. 이렇게 하면 냄새를 맡지 못한다.

규칙 **3**

힘들면 사람도 개도 쉰다
산책 중에 밥을 먹어도 OK

'산책 중에는 계속 걸어야 한다'라고 착각하고 있지는 않은지? 사람이든 개든 걷다가 지치면 쉬어야 한다. 휴식시간을 가지면 다시 걸을 기운이 솟는다. 피로가 풀리지 않는다면 도중에 그만 집으로 돌아와도 된다. 수분을 보충하거나 밥(간식)을 먹으면서 천천히 산책하자.

목이 마르면 물을

휴대용 물그릇을 준비하여 휴식 중에도 수분 보충을. 물만 마셔도 다시 걸을 기운이 날 것이다.

산책 중에도 그늘에서 식사를

날씨가 좋은 날 나무 그늘에서 식사를 하거나 간식을 줘도 된다. 반려인도 뭔가를 먹으며 느긋하게.

지병이 있다면

걷는 지역을 좁힌다

직선 코스로 멀리 나가면 가는 길과 오는 길에 걸리는 시간이 거의 같기 때문에 돌아오는 길이 힘들어진다. 병 때문에 체력이 약해지거나 노화 때문에 장시간 걷지 못할 때에는 산책 지역을 좁히는 방법을 연구하자. 집 주변을 도는 코스는 도중에 산책을 끝내더라도 안심하고 바로 돌아올 수 있다.

+α로 습관을 들이면 좋은 것 ①

바디터치 습관을 들인다

반려인과 반려견의 사이가 좋다면 스킨십은 자연스러운 일이다. 몸이 닿으면 서로 애정을 확인할 수 있다. 싫어하는 부위를 극복하여 터치를 좋아하는 개로 만들자.

만져도 괜찮은 부위를 조금씩 늘린다

'만지는 것'은 중요한 커뮤니케이션의 수단이다. 좋아하는 사람(반려인)이 만져주면 개도 기분이 좋아진다. 하지만 개의 몸에는 민감한 부분이 있어서 터치를 싫어하는 개도 있다. '어디까지 허용해줄 것인지'는 개마다 다르기 때문에 여기까지는 괜찮다고 딱 잘라 말할 수가 없다. 하지만 터치를 싫어하는 개도 조금씩 익숙해지면 만져도 괜찮은 부위가 넓어진다. 무리하지 말고 조금씩 터치에 익숙해지게 하자.

개에게 터치하는 자세는?

'앉아' 또는 '엎드려'가 일반적

서로 릴랙스할 수 있다면 어떤 형태든 상관없지만 일반적으로 반려인이 터치하기 쉬운 개의 자세는 '앉아'나 '엎드려'이다.

어디를 터치해도 아무렇지 않아 하는 개라면 58쪽의 사진처럼 '안은' 자세로 등 뒤에서 터치할 수 있다.

앉은 자세에서 다리를 벌리고 등 뒤에서

개가 앉은 자세를 취하고 있을 때 등 뒤에서 부드럽게 터치한다. 텔레비전을 보면서 해도 된다.

앉은 자세일 때 옆에서 손을 뻗는다

중·대형견은 '앉아'를 하고 있을 때 옆에서 터치. 배를 만질 때에는 드러누워서.

민감한 부분 & 힘든 부분

끝부분이나 몸 안쪽의 민감한 부분

개체마다 차이가 있지만 일반적으로 민감한 부위는 귀나 발끝, 꼬리 등의 끝부분이다. 복부나 양 다리 사이 등도 싫어하는 개가 많은 듯하다. 또 상반신은 괜찮지만 하반신은 허락하지 않는 개도 있다.

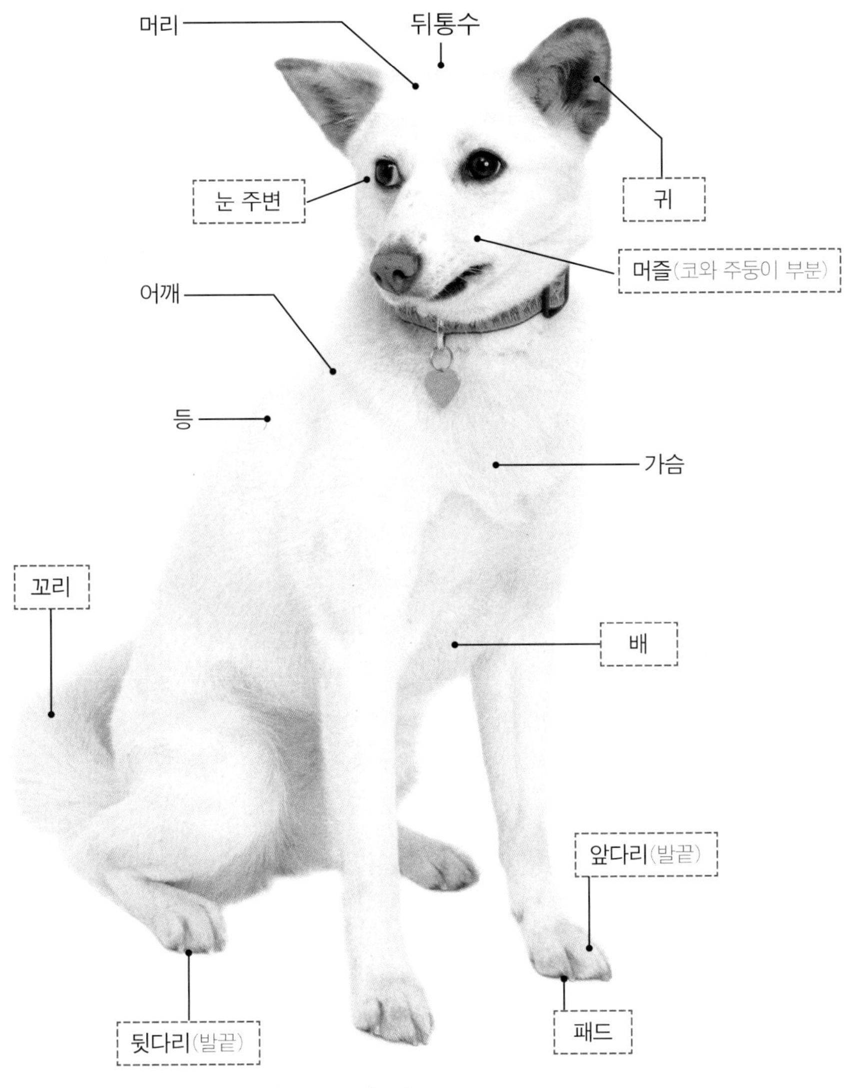

※ 빨간색 박스 부분은 '민감한 부위' '힘든 부위'이다.

요령 01 괜찮아 하는 부분부터 터치한다

괜찮아 하는 부분부터 시작해서 털의 결을 따라 부드럽게 쓰다듬는다
일반적으로 어깨, 뒤통수, 가슴 등은 만져도 괜찮은 부위. 바디터치를 할 때에는 아무렇지 않아 하는 부분부터 먼저 시작한다. 그리고 상반신 중심으로 터치한 후 서서히 하반신으로 넘어간다. 마지막에 배와 끝 부분 등 민감한 부분을 터치한다. 힘을 빼고 털의 방향을 따라 가볍게 쓰다듬듯이 터치하자.

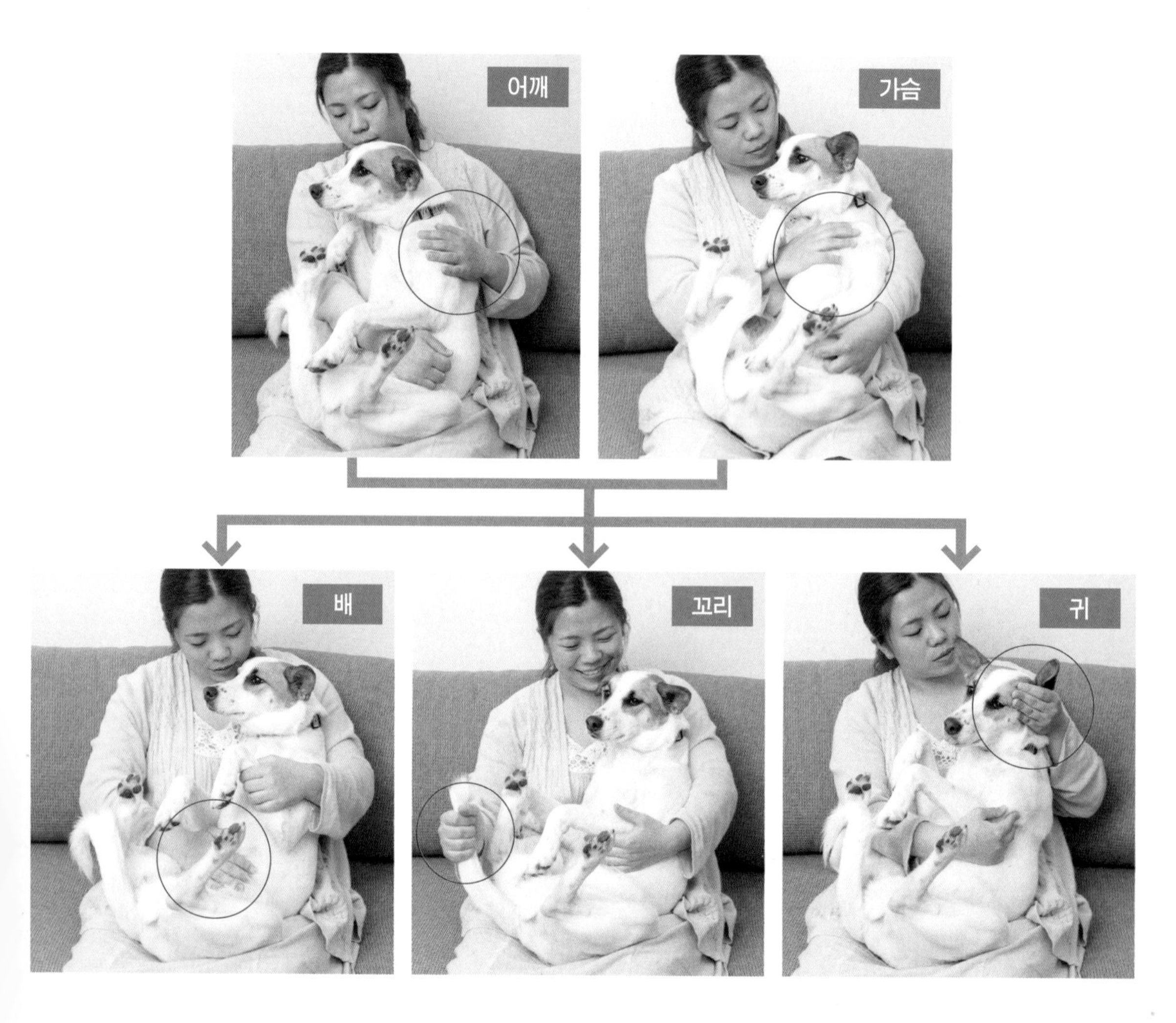

요령 02 싫어할 때에는 억지로 하지 않는다

싫어하면 스톱하며 조금씩 극복하자

민감한 부분은 개마다 다르다. 터치했을 때 '움찔' 하고 몸이 경직됐다면 그곳은 싫어하는 부위이니 그 이상 몰아붙이지 않도록 하자. 억지로 만지려고 하면 바디 터치 자체를 싫어하게 된다. 싫어하는 부분은 천천히 조금씩 습관을 들여야 한다. 간식을 주면서 터치하는 것도 좋은 방법이다.

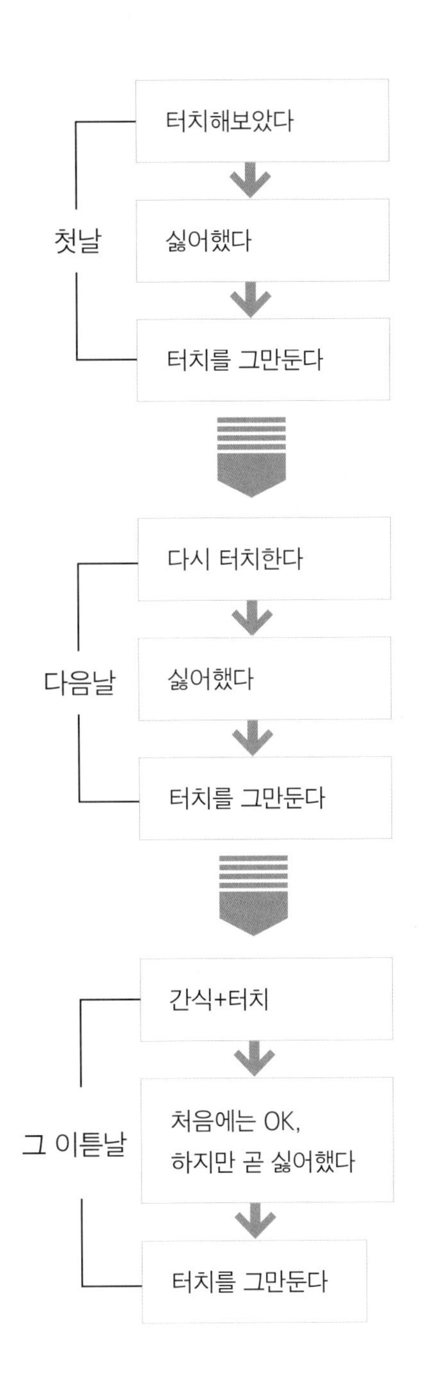

+α로 습관을 들이면 좋은 것 ❷

옷을 입혀보자

바디터치를 자유자재로 할 수 있게 되었다면 옷에도 도전해보자. 옷을 입히게 되면 추위, 탈모, 오염 회피 등 다양한 대책에 도움이 된다.

옷을 입히는 것은 바디터치 습관을 들인 후에

'귀엽게 옷을 입히고 싶다' '패션을 즐기고 싶다'라는 이유로 옷을 입히는 반려인이 많다. 개와 함께 하는 생활을 즐기고 싶은 것은 당연한 일이다. 그 밖에도 옷을 입히는 데에는 몇 가지 실용적인 장점이 있다. 오른쪽 3가지가 대표적인 장점이다.

옷을 입힐 때 중요한 것은 바디터치 습관을 들이는 것이다. 스킨십을 싫어하는 개라면 옷을 입히는 것은 더더욱 어렵다. 특히 몸에 딱 붙는 옷은 주의해야 한다. 억지로 입히면 스트레스의 원인이 된다. 꼭 입히고 싶다면 바디터치(56쪽) 습관부터 시작하자.

처음이지만
잘 입었어.

옷을 입혀서 좋은 점 3가지

1 추위 대책이 간단하다

노령견이 되면 겨울의 추위가 사무치게 다가온다. 외출 시 입힌 옷 한 장으로도 상당한 차이가 있으니 옷 입는 습관을 들이자. 추위가 심한 밤에 이불 대신 옷을 입히는 방법도 있다.

2 빠진 털이 곳곳에 날리지 않는다

외출할 때에는 개의 탈모가 신경 쓰인다. 특히 털갈이 시기에는 털이 심하게 빠지기 때문에 주변에 날리지 않게 하는 것은 중요한 매너 중 하나라고 할 수 있다. 옷을 입히면 날리는 털의 60~70%는 줄일 수 있다.

3 비 오는 날 산책해도 흙탕물을 피할 수 있다

비가 오는 날 산책이 귀찮은 것은 흙탕물이 몸에 튀기 때문이다. 흙탕물로 더러워질 때마다 목욕을 하기는 힘들다. 하지만 우비를 입힐 수 있는 개라면 괜찮다. 지저분해진 발끝만 닦아줘도 훨씬 편할 것이다.

요령 01 처음이라면 민소매 티셔츠 타입을

간식으로 유도! 상으로 좋아하는 놀이를

옷을 처음 입힐 때에는 머리부터 완전히 통과하는 티셔츠 타입을 선택하는 것이 좋다. 간식을 준비해서 반려견에게 보이고 ❶~❷의 순서로 머리를 통과시킨다. 그리고 ❸에서 한 발씩 소매를 통과시키고 ❹에서 등을 정리하면 끝. 잘 입었다면 칭찬해주고 상으로 좋아하는 놀이를 한다. '옷을 입히면 즐거운 일이 있다'는 것을 반려견에게 가르치는 것이다.

❶ 간식을 쥔 손으로 유도한다

❷ 머리를 통과시킨 후 간식을 보여준다

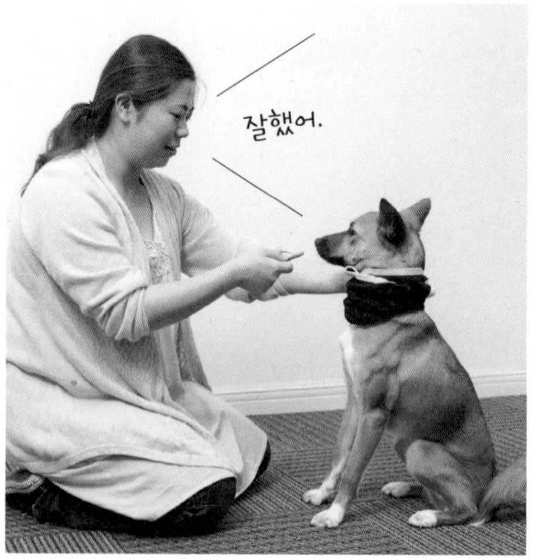

❸ 앞발을 통과시킨다

❹ 등을 정돈하고 칭찬해준다

❺ 상으로 놀아준다

요령 02 레인코트에도 도전해보자

등부터 씌우는 타입은 금방 익숙해진다!

몸에 딱 맞는 소매가 달린 레인코트는 난이도가 높으므로 일단 사진처럼 등에서 푹 뒤집어씌울 수 있는 코트를 선택한다. 티셔츠를 입혀도 괜찮아 한다면 금방 익숙해질 것이다. 만약 옷이 스치는 소리가 신경이 쓰인다면 티셔츠와 마찬가지로 간식을 이용해 천천히 습관을 들이자.

올바르게 '안는 방법'을 배우자!

걷지 못하게 되었다면 '안아서' 이동한다

노령견이 되면 산책 도중에 피곤해서 멈춰서거나 움직이지 못할 때도 있다. 대형견이라면 어렵겠지만 중 · 소형견이라면 '안아서' 옮길 수 있다. 또 질병에 걸리거나 부상 등을 입어 혼자 힘으로 걸을 수 없는 상태가 되었을 때에는 안아서 옮기는 상황도 많아진다.

여기에서는 올바르게 안는 두 가지 방법을 소개한다. 중형견이라면 '기본 방법 1, 2, 3'을 배우면 되고, 소형견이라면 두 가지 방법을 다 배우는 것이 좋다.

소형견은 이렇게… 몸 옆으로 받친다

매고 있는 리드의 목줄 끝부분까지 손을 뻗은 뒤에 반려견을 옆구리에 안는다. 이 경우 한손을 비운 상태로 안을 수 있기 때문에 편리하지만 장거리 이동에는 적합하지 않다.

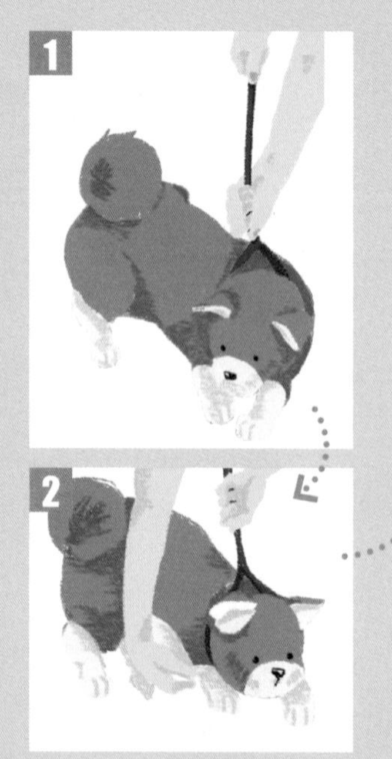

반려인의 허리 옆에 반려견의 몸을 밀착시키고 동체 안쪽을 이용해 반려견의 몸을 고정한다.

기본 방법 1 2 3

1 리드를 잡은 채
양손을 개의 몸 아래로

한 손을
앞다리 사이로
넣어 가슴을
받친다.

다른 한 손을 개의 다리 사이에 넣는다.

리드가 걸리지 않도록 주의하자.

2 가슴을 먼저 들고
허리를 받치면서 안는다

바닥과 평행하게 들어 올리려고 하지 말 것.
먼저 상반신을 일으킨 후에 끌어올린다.

개의 오른쪽 허벅지를 잡는 감각으로.

3 한쪽 가슴으로 하반신을 받치고
다른 한쪽으로 다리 아래를 잡는다

오른쪽 가슴 안쪽을 반려견의 등에 댄다.

오른쪽 가슴 전체를 사용해
하반신을 받친다.

오른 손목에 리드를 통과한
상채로 반려견의 하반신을
잡는다.

밑에서 보면…

반려견의 뒷다리 밑으로 손을 넣어
사진과 같이 단단히 잡는다.
단 힘을 줄 필요는 없다.

AFTER

part 2

나의 강아지가 뽀송뽀송 건강하게 오래 살기 위해!

우리 강아지 케어

노화가 진행되면 피모나 이빨, 눈 등의
트러블을 예방하기 위해서 한층 세심한 케어가 필요하다.
건강한 상태를 조금이라도 오래 유지할 수
있는 부드러운 손질법을 소개한다.

기초지식 손질이 중요한 이유

스킨십을 하면 몸도 마음도 치유된다

'스킨십'은 매우 중요한 커뮤니케이션의 수단이다. 손질하기 까다로운 개도 많지만, 평소에 많이 만져줘서 스킨십을 좋아하는 반려견으로 만들면 손질도 매끄럽게 진행된다.

노령견이 되기 전에 스킨십에 익숙해지도록

노령견이 되면 불안해져서 반려인이나 가족 곁에 있고 싶어 한다. 몸에 통증이 있다면 몰라도 보통은 서로 닿기를 갈망한다.

'스킨십'은 반려인과 반려견의 중요한 커뮤니케이션이다. 부드럽게 터치하는 것만으로도 서로의 마음은 따뜻해진다. 노견이 되면 예민해져서 스킨십을 거부하는 개도 있지만 강아지 때나 성견 때 스킨십을 충분히 길들여 놓으면 거부하는 일이 없을 것이다.

또 빗질이든 발톱자르기든 귀청소든 손질을 할 때에는 '반려인이 몸을 만져도 괜찮다'는 것이 전제이다.

원래 민감한 부위도 있고 터치를 싫어하는 개도 있다. 무리하지 않는 선에서 매일 조금씩 습관을 들이면 스킨십을 허용하는 부분이 조금씩 넓어질 것이다. 포기하지 말고 계속 스킨십을 시도하자.

손질 요령은… **천천히**

억지로 잡고 하면 손질을 싫어하는 개가 된다. 개는 한번 싫다는 생각을 하게 되면 좀처럼 잊지 않는다. 따라서 처음 손질할 때에는 가능한 천천히. 왼쪽의 예처럼 욕심 부리지 말고 조금씩 습관을 들이자

발톱은 1개만 자르는 것부터 시작하자!

발톱깎이를 보여준다+간식

발톱깎이를 발톱에 댄다+간식

발톱 1개만 자른다+좋아하는 간식을 준다

다음날 1개를 또 자른다+좋아하는 간식을 준다

이것을 반복하면

간식이 없어도 괜찮다

반려인 입장에서는 한 번에 다 자르고 싶겠지만 그 마음은 꾸욱 눌러 참도록 하자.

부족한 것은 무엇?

도구를 체크해보자

반려견 손질 방법을 배우기 전에 필요한 도구가 갖추어져 있는지부터 체크해보자. 동물병원이나 애견미용실에 맡기는 것도 나쁘지는 않지만 노화가 진행되면 외출이 힘들어진다. 직접 손질할 수 있는 반려인이 되어보자.

[손질에 필요한 도구 체크 리스트]

↓ 체크하세요

항목	페이지	기호	도구	체크
빗질	72~75쪽	◎	돼지털브러시	
		△	슬리커브러시	
		◎	가위	
		○	빗	
발톱깎이	76~79쪽	◎	발톱깎이(길로틴 타입)	
		○	발톱깎이(니퍼 타입)	
		△	손질도구	
귀청소	80~81쪽	◎	세정액	
		○	세면기에 미지근한 물	
		△	거즈	
		◎	수건	
눈 주변 케어	82~83쪽	◎	세면기에 물	
		◎	거즈나 면	
		△	아기용 면	
양치질	84~87쪽	◎	반려견용 치약	
		◎	반려견용 칫솔	
패드 케어	88~89쪽	◎	세면기에 따뜻한 물	
		◎	수건	
		○	보습크림	
샴푸	92~95쪽	◎	반려견용 샴푸	
		○	거품망	
		◎	바스타월	
		△	드라이기	

※ 표 안의 기호는 이하와 같음.
◎…필수　○…있으면 편리　△…취향에 따라

재확인하자! ❶ **빗질**

피모의 아름다움을 유지할 뿐만 아니라 피부 마사지 효과 등 다양한 기능이 있는 빗질은 노견일수록 더 중요한 케어이다.

정기적인 빗질로 신진대사를 촉진한다

빗질은 피모의 아름다움을 유지할 뿐만 아니라 피부의 혈행을 원할하게 도와 신진대사를 촉진하는 효과도 있다. 나이가 들어 털이나 피부가 쉽게 건조해지는 노견에게 매우 중요한 바디케어이다.

빗질을 게을리 하면, 빠진 털이 몸에서 떨어지질 않고 뭉쳐서 피부병의 원인이 되기도 한다. 따라서 장모종은 최소 이틀에 1번, 단모종도 주 1회는 반드시 빗질을 해주어야 한다.

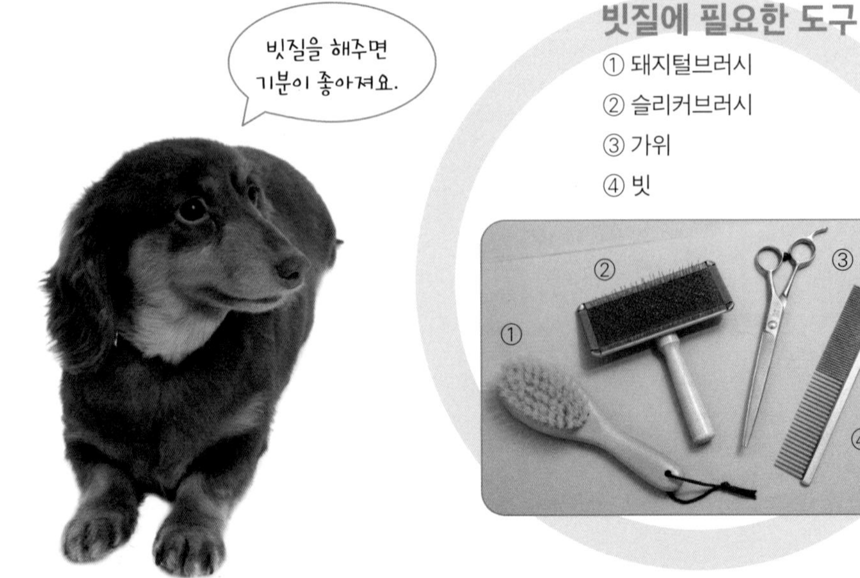

빗질에 필요한 도구

① 돼지털브러시
② 슬리커브러시
③ 가위
④ 빗

노견의 빗질은 살살!

피부가 건조해지기 쉬운 노견에게 빗질은 살살 부드럽게 하는 것이 기본이다. 너무 힘을 가하면 피부가 다칠 수도 있으니 주의하자.

바닥에 눕혀서 빗질

개를 눕혀서 빗질한다. 머리나 등 등 스킨십에 익숙한 부분부터 시작하는 것이 좋다. 바닥에 수건을 깔아 두면 청소가 편하다.

안고서 빗질

안고서 빗질하는 방법도 있다. 배 등 민감한 부분을 빗질할 때에는 안고 하면 개도 안정이 된다.

브러시를 구분해서 사용하여 스트레스를 주지 않도록 하자.

브러시는 다양한 종류가 있으며 각각 용도가 다르다. 빗질을 싫어하는 개라도 용구를 제대로 구분해 사용하면 스트레스가 경감되어 빗질을 좋아하게 될지도 모른다. 각 브러시의 사용방법을 익혀 보자.

힘을 주지 말고 부드럽게!

얇은 바늘 모양의 침이 피모 사이에 확실하게 파고 들어 빠진 털을 제거하는 데 효과적이다. 필요 이상으로 힘을 주면 피부에 상처가 날 수도 있으므로 연필을 쥐듯이 부드럽게.

빗질의 마무리에 편리

마무리용으로 사용하는 빗. 주로 장모종에게 사용한다. 귀나 꼬리 등 털이 긴 부분을 빗으면 풍성하게 마무리된다.

부드러운 털로 노견에게 최적

멧돼지나 돼지의 털로 만든 브러시이다. 모가 세밀하고 부드러운 털로 만들어진 것이 특징. 마사지 효과가 뛰어나고 빠진 털을 제거하는 데에도 최적이다. 피부가 약한 노견에게는 이 브러시를 메인으로 사용하는 것이 좋다.

뭉친 털을 자를 때에는 가위를 세워 넣고 자른다

뭉친 털을 자를 때에는 가위를 세워 넣고 조금씩 풀면서 자른다. 가위를 눕혀서 뭉친 털을 통째로 자르려고 하면 피부가 다칠 수도 있으니 주의!

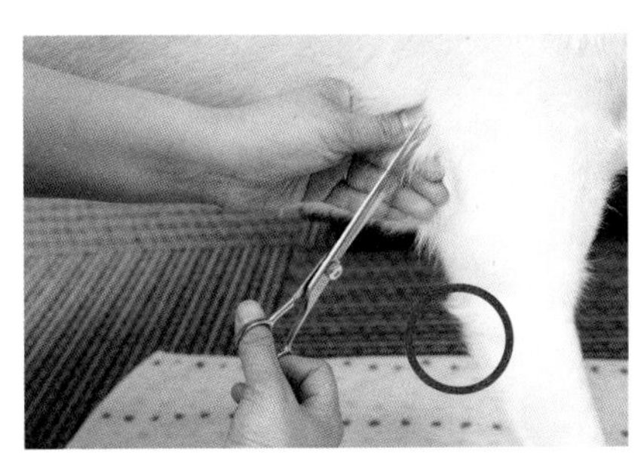

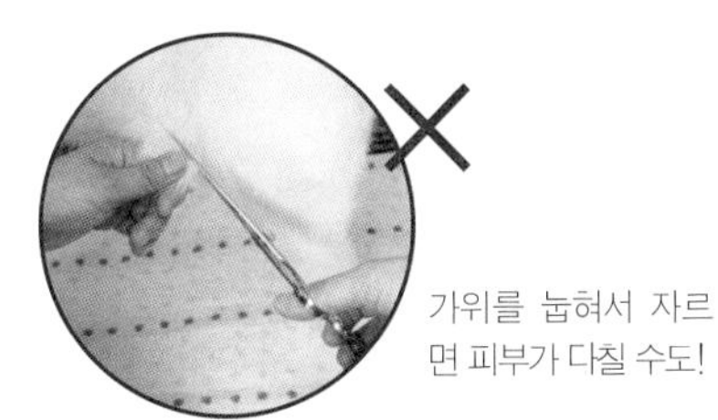

가위를 눕혀서 자르면 피부가 다칠 수도!

재확인하자! ❷

발톱 자르기

애견미용실에서 자르던 발톱도 노견이 되면 집에서 해야 할 수도 있다.
발톱 자르는 방법을 배워두자.

운동량이 줄어든 노견은 특히 더 중요하다

노견이 되면 운동량이 줄기 때문에 발톱이 닳을 기회도 적어지므로 성견 때 이상으로 발톱의 길이에 신경 써야 한다.

안전하게 발톱을 자르기 위한 포인트는 한 번에 너무 깊이 자르지 않는 것이다. 처음에는 발톱 끝을 정돈하는 정도로 충분하다. 또 처음 발톱을 자를 때에는 조금씩 습관을 들이는 것이 중요하다. 첫날 모든 발톱을 자르려 하지 말고 1개만 잘라도 된다. 반려견이 발톱 자르기를 싫어하지 않도록 배려하면서 진행하자.

간식을 이용해 안정시킨다

발톱을 자를 때 계속 버둥거린다면 간식을 입에 물려주면서 해보자. 즉시 다 먹어치우면 의미가 없으니 오래 씹을 수 있는 껌 타입의 간식을 추천한다.

앞발

앞다리를 꼭 잡고 다리 털을 갈라 발톱을 잘 확인하면서 자른다. 너무 바싹 자르지 않도록 발톱깎이를 대는 위치에 주의하자.

발톱 자르기의 기본자세

대체적으로 개는 발목만 잡히는 것을 싫어한다. 발톱을 자를 때에는 반려견을 무릎에 올려놓고 꼭 안으면 안겨 있는 반려견도 안심할 수 있을 것이다. 이것이 발톱 자르기의 기본자세이다.

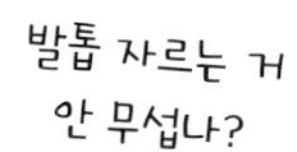

뒷발

뒷다리는 앞다리에 비해 자유롭기 때문에 반려견도 버둥거리기 쉽다. 다리를 모아 몸을 밀착하여 확실하게 고정시킨 후에 자른다.

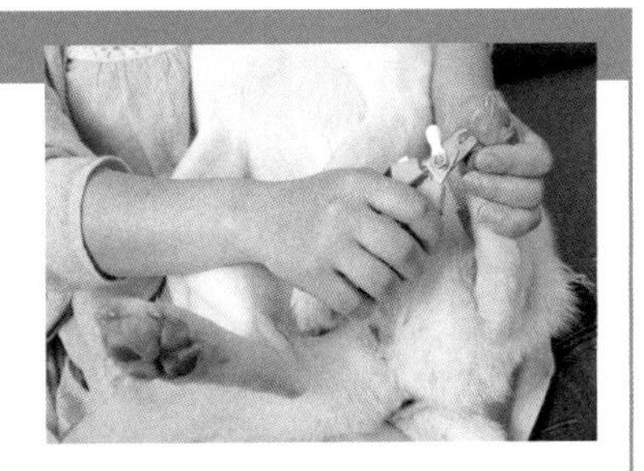

발톱 자르는 방법

아프지 않아!
깔끔하게
자른다!

발톱 속에는 신경과 혈관이 흐르고 있어 바짝 자르면 피가 난다. 익숙해지기 전까지는 조금 길게 자르고, 그만큼 발톱 자르는 횟수를 늘리면 문제없다. 조금씩 연습해보자.

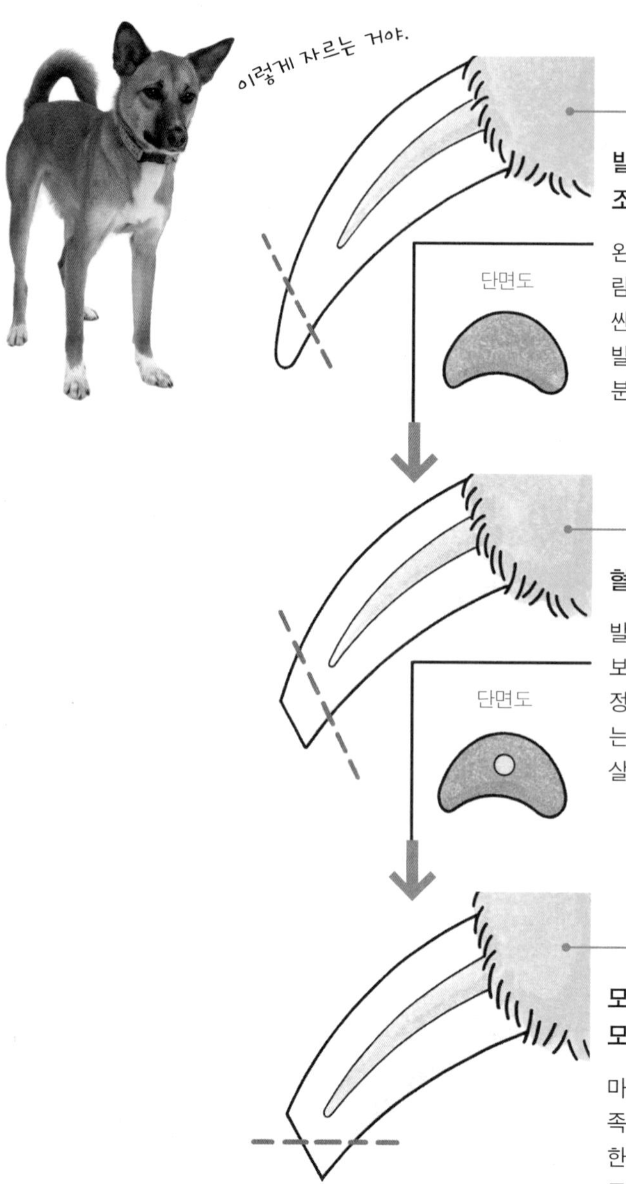

STEP 1

발톱의 단면을 보면서 조금씩 자른다

왼쪽의 그림처럼 개의 발톱은 사람과 다르게 신경과 혈관을 둘러싼 구조로 되어 있다. 처음에는 발톱 끝을 약간 자르는 정도면 충분하다. 조금씩 잘라내도록 하자.

STEP 2

혈관이 살짝 보이면 스톱!

발톱이 하얀 개는 신경이 투명하게 보이기 때문에 발톱을 조금 남기는 정도로 자른다. 검은 발톱을 가진 개는 발톱의 단면을 보고 중앙의 색깔이 살짝 보인다면 거기서 멈춰야 한다.

STEP 3

모서리를 잘라 모양을 정돈한다

마지막에는 면을 다듬는 작업. 뾰족한 부분을 자르고 모양을 정돈한다. 발톱깎이뿐만 아니라 손질 도구도 사용해서 모서리를 갈아내면 더 깔끔하게 마무리할 수 있다.

다양한 타입의 발톱깎이 중 어느 것을 사용해야 할까?

개의 발톱깎이는 크게 길로틴 타입과 니퍼 타입으로 나눌 수 있다. 사람마다 달라서 어느 것이 더 좋다고 할 수는 없지만 초보자에게는 자르는 위치를 파악하기 쉽고 재빨리 자를 수 있는 길로틴 타입을 추천한다.

길로틴 타입

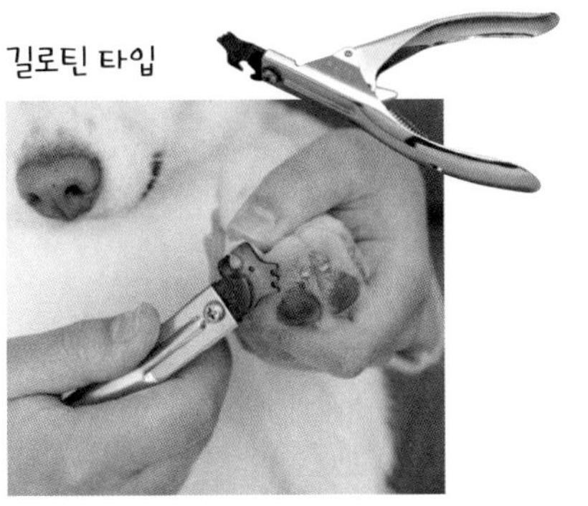

구멍에 발톱을 통과시켜 자르는 타입. 날 부분을 바깥쪽으로 사용하지 않으면 바싹 자르게 되므로 주의한다.

니퍼 타입

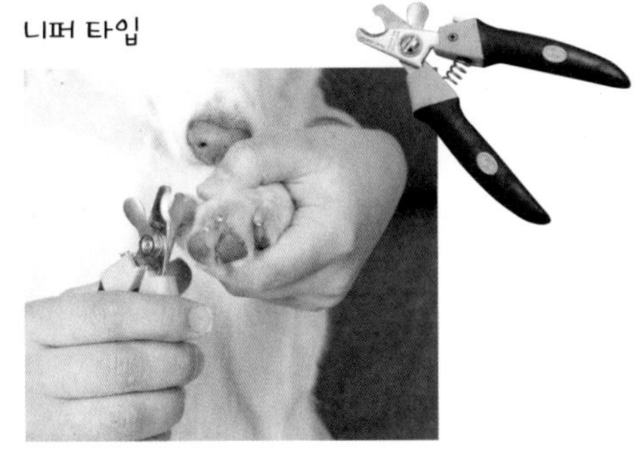

사용 방법에 따라서는 길로틴 타입에 비해 자르기 힘들 때도 있지만 세심하게 자를 수 있다는 장점이 있다.

재확인하자! ③

귀청소

개의 귀는 조금 복잡한 구조이기 때문에 사람처럼 직접 청소하는 것은 매우 위험하다. 여기에서는 세정액을 사용한 귀청소 방법을 설명한다.

늘어진 귀나 귀 털이 긴 개는 특히 케어가 중요!

귓속에는 상재균이 존재하는데 보통은 악영향을 미치지 않지만 이상번식을 하면 트러블이 생길 수도 있으니 정기적으로 귀를 청소하여 청결을 유지하자. 특히 습기가 차기 쉽고, 늘어진 귀를 가진 개는 귀질환에 걸리기 쉬우므로 주의해야 한다. 또 귀의 털이 길면 열이 나기 쉽기 때문에 귀 털이 많다면 정기적으로 뽑아주는 것도 중요하다.

귀청소를 할 때에는 세정액이 튀므로 욕실이나 실외에서 하는 것이 좋다.

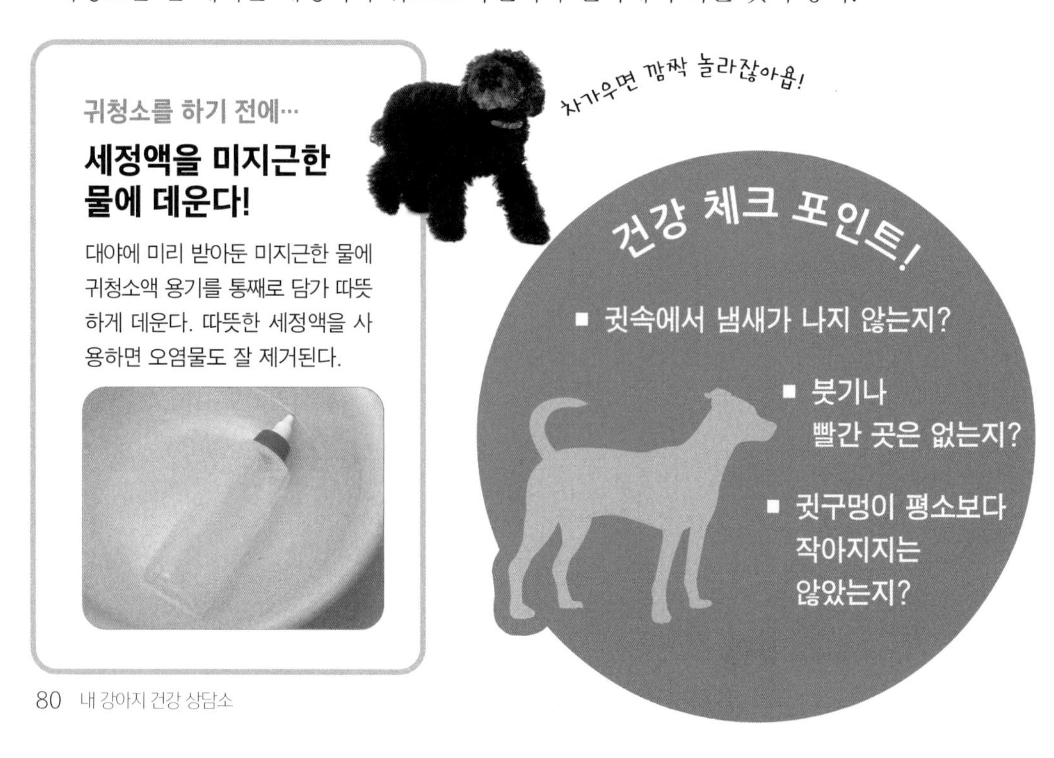

반려견의 귀는 세정액으로 닦아내는 방법으로 청소한다.
순서는 아래와 같다.

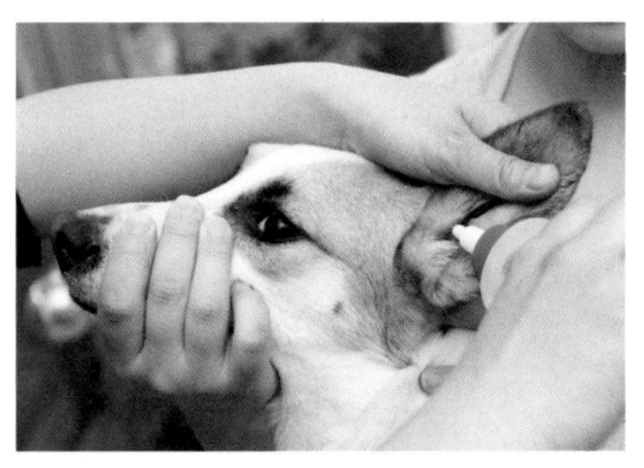

STEP 1

세정액을 귓속에 넣는다

머리를 흔들지 못하게 꽉 잡고 세정액을 귀에서 흘러내릴 정도로 충분히 넣는다.

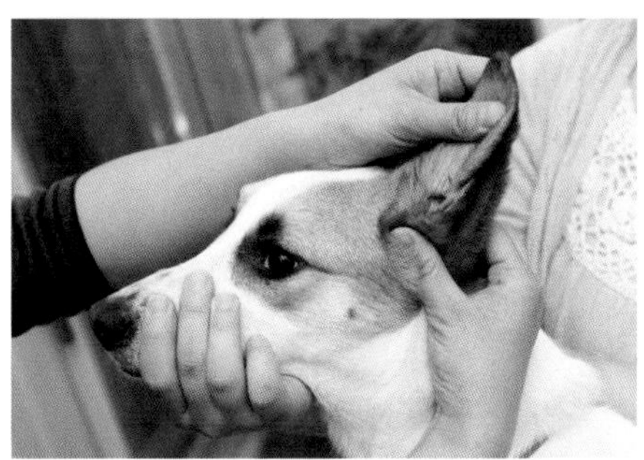

STEP 2

접힌 부분을 살짝 문지른다

귀의 접힌 부분을 살짝 소리가 날 정도로 비벼서 세정액이 귓속에 잘 흘러들어가게 한다.

STEP 3

개가 머리를 흔들게 한다

손을 놓고 반려견이 머리를 휘리릭 흔들게 하자. 그러면 귓속에 들어간 세정액과 함께 귀지 등의 오염물이 밖으로 나온다.

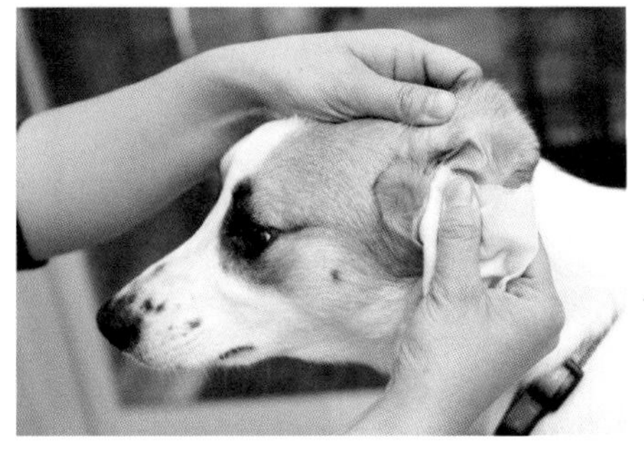

STEP 4

나온 귀지를 닦아낸다

귀 입구에 삐져나온 귀지를 거즈 등으로 닦아낸다. 반려견이 아파하는 곳이 없는지 체크하고 문제가 있다면 즉시 병원으로 향한다!

재확인하자! ❹ 눈 주변 케어

노견은 안질환에도 잘 걸린다. 눈 주변을 항상 청결히 하고 건강 체크도 겸하여 정기적으로 케어하자.

섬세한 부분이므로 부드럽게 다룰 것

눈 주변에 붙어 있는 오염물이나 눈곱을 방치하면 감염증에 걸리는 등의 트러블 원인이 되기도 한다. 정기적으로 케어하여 눈 주변을 청결히 유지하는 것이 중요하다.

눈은 힘을 빼고 부드럽게 다뤄야 한다. 또 눈 주변은 개에게도 민감한 부위이므로 처음에는 만지려고 하면 무서워하는 개도 있을 것이다. 평소 얼굴 주변을 만지는 습관을 들여 익숙해지게 하자.

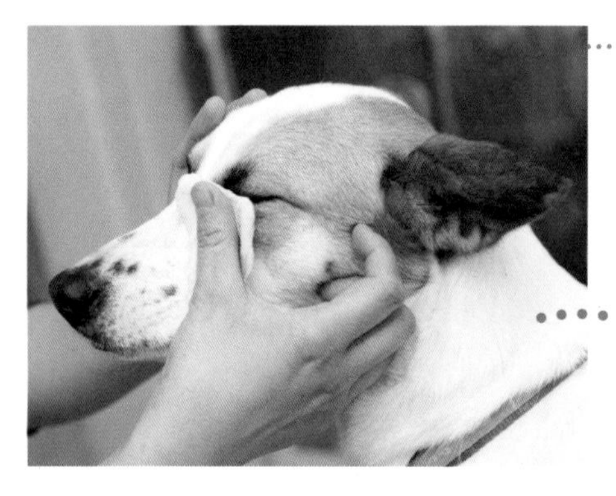

눈 주변을 닦을 때에는
눈 앞쪽에서 눈꼬리 쪽으로!

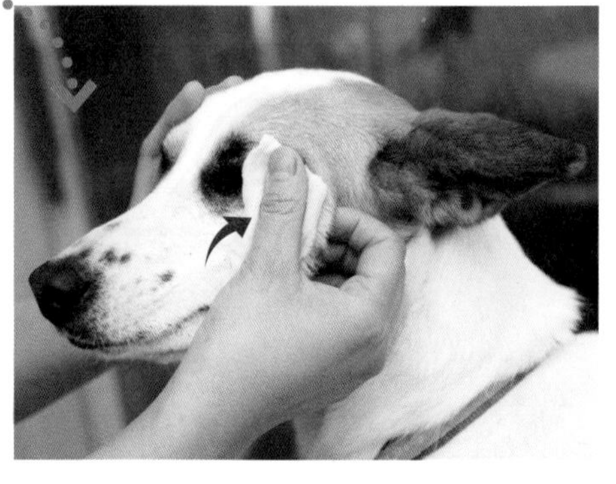

힘을 빼고 부드럽게 닦는다

눈 주변을 깨끗하게 할 때에는 눈 앞쪽에서 꼬리 쪽으로 향해 닦아낸다. 안구가 다치지 않도록 힘을 빼고 부드럽게 닦는다.

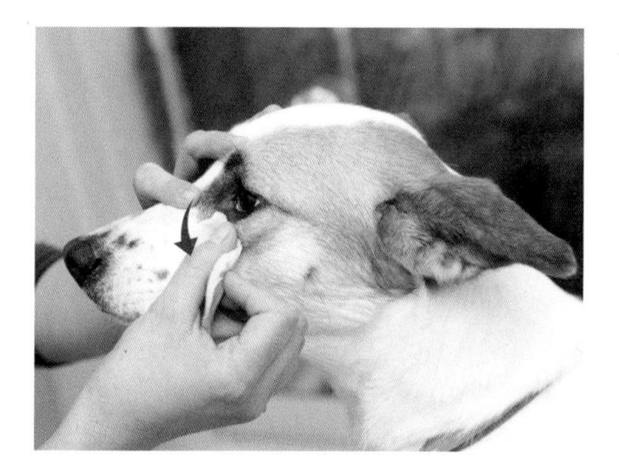

눈 앞쪽의 오염물은 위에서 아래로 닦는다

눈 앞쪽에 붙어 있는 눈곱이나 눈물독을 닦아낼 때에는 화살표처럼 눈꺼풀을 살짝 뜨게 하고 위에서 아래로 닦아내자. 잘못해서 안구에 닿지 않도록 주의

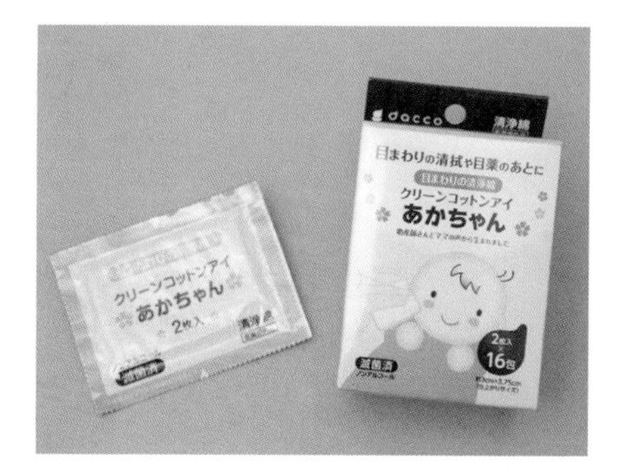

아기용 케어 용품이 편리!

눈의 케어에는 미지근한 물에 적신 면이나 거즈를 사용해도 좋지만, 사람의 아기용품도 편리하다. 1회분씩 소분되어 있어 위생적이다.

만약 눈 속에 먼지가 들어갔다면?

개의 눈에 먼지가 들어갔을 때 직접 손으로 꺼내는 것은 위험하다. 물에 충분히 적신 솜을 눈에 대고 가볍게 눌러서 물에 띄우듯이 꺼내면 안전하게 먼지를 제거할 수 있다.

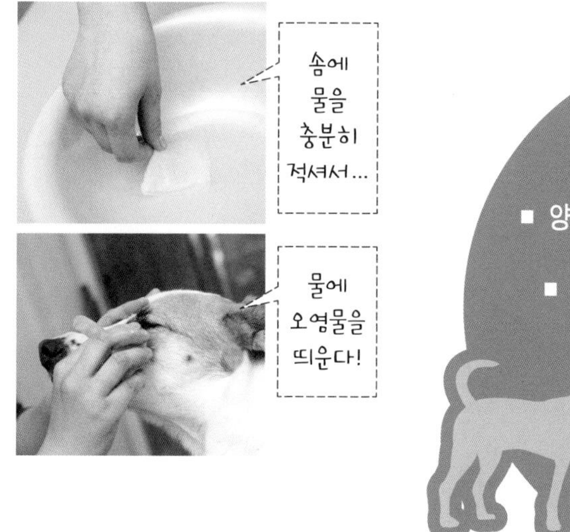

건강 체크 포인트!

- 양쪽 눈이 같은 방향을 향하고 있는지?
- 검은자가 탁하지는 않은지?
- 흰자가 충혈되어 있지는 않은지?
- 눈곱의 양이 늘지는 않았는지?

재확인하자! ❺ 양치질

이빨이나 잇몸이 튼튼하지 않으면 반려견이 좋아하는 밥도 즐길 수 없다. 건강한 몸을 유지하기 위해서도 정기적인 양치질 습관을 들이자.

건강한 반려견에게 건강한 이빨은 필요충분조건이다

개는 양치질을 할 필요가 없다고 생각하는 사람도 많지만 그것은 크게 잘못된 생각이다. 사람과 마찬가지로 개에게도 이빨은 매우 중요하다. 이빨이나 잇몸에 병이 생기면 제대로 밥을 먹을 수 없기 때문에 체력이 저하되고 다른 질병으로 발전할 우려도 있다.

또 오랜 시간 양치질을 하지 않고 방치하면 치석이 쌓이는데, 심하면 전신마취를 하고 제거해야 하는 케이스도 있다. 평소 이빨 케어를 게을리 하지 않도록 하자.

사람의 양치용품은 대체로 자극이 강하기 때문에 반려견 전용을 사용하는 것이 좋다.

양치질 트레이닝

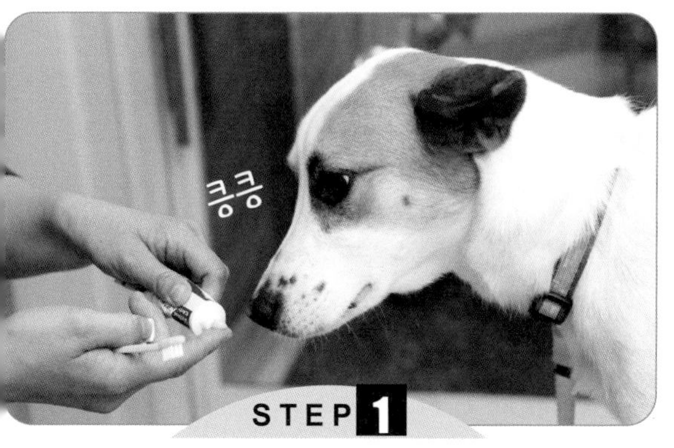

치약 냄새나 맛을 가르친다

양치질을 처음 경험하는 개라면 칫솔이나 치약도 무서워할지 모른다. 먼저 냄새를 맡게 하거나 맛을 보게 하여 익숙해지도록 한 후에 시작하자.

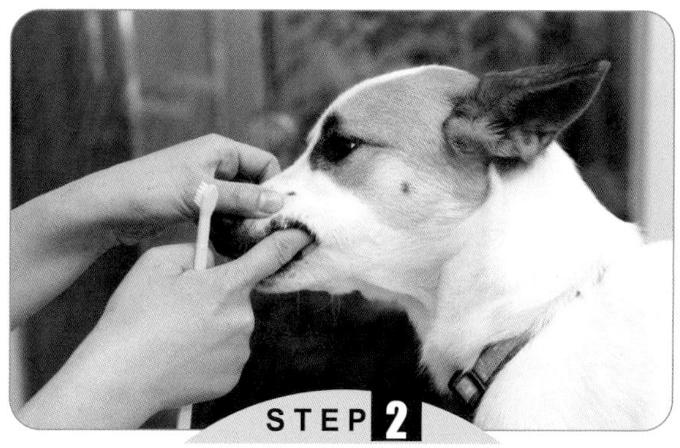

손가락으로 닦아본다

갑자기 딱딱한 칫솔을 입에 넣으면 개도 깜짝 놀랄 것이다. 먼저 반려인의 손가락으로 이빨이나 잇몸을 마사지하듯이 만져보자.

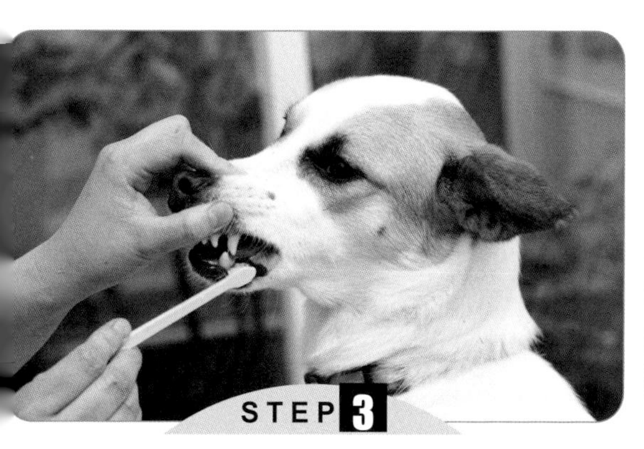

앞니나 송곳니를 칫솔로 닦는다

이빨이나 잇몸을 만지는 것에 익숙해졌다면 이번에는 실제로 칫솔로 닦아본다. 처음에는 입을 크게 벌리지 않아도 할 수 있는 앞니나 송곳니부터 도전해보자.

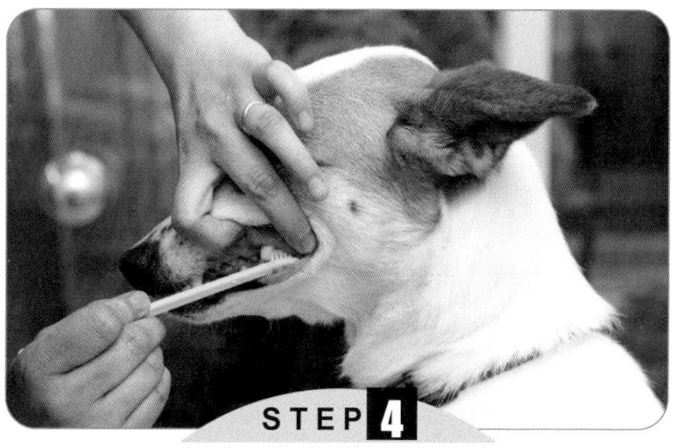

익숙해지면 어금니에 도전

앞니나 송곳니를 닦을 수 있게 되었다면 이번에는 어금니 닦기에 도전해보자. 어금니는 특히 치구나 치석이 잘 쌓이기 때문에 세심하게 닦아줘야 한다.

칫솔을 핥게 하여 익숙해지도록 한다

칫솔을 싫어하는 개라면 일단 거부감부터 없애야 한다. 칫솔에 반려견이 좋아하는 맛이 나는 치약 등을 묻혀 핥게 하면 칫솔을 좋아하게 될 수도 있다.

첫날에는 양치질을 너무 많이 하지 않는다!

이 단계에서는 양치질 첫날부터 한 번에 다 할 필요는 없다. 양치질은 최소 3일에 한 번은 해야 하는 케어이므로 반려견에게 싫다는 인상을 심어주지 않는 것이 가장 중요하다. 시간을 두고 천천히 습관을 들이자.

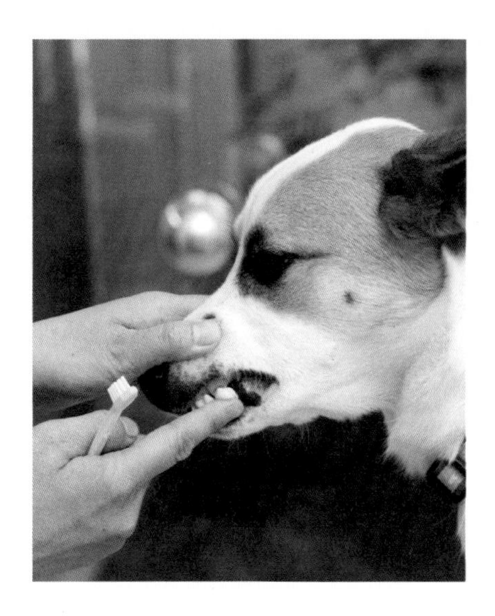

재확인하자! 6

발바닥 케어

노견이 되면 발바닥의 패드가 건조해지고 딱딱해지기 쉽다. 마사지를 하거나 보습크림 등을 발라 건강한 발바닥을 유지하자.

발바닥 패드에 수분이 부족하면 갈라져서 피가 나기도 한다

노견이 되면 몸 전체의 수분이 손실되어 윤기가 사라지게 된다. 발바닥 패드가 쉽게 건조해지는 것도 그것이 원인이다. 건조한 패드는 딱딱해지고 메마르게 되는데 악화되면 갈라져서 피가 나기도 한다.

발바닥이 손상되면 보행이 힘들어져서 좋아하는 산책도 할 수 없게 된다. 체력저하나 스트레스도 잘 쌓이는 만큼 발바닥 케어는 매우 중요하다. 평소 발바닥을 자주 체크하여 부드럽고 건강하게 유지시키자.

발바닥 패드 크림으로 보습시켜 마무리

발바닥 패드는 사람의 피부와 마찬가지로 씻은 후에는 유분을 잃게 된다. 건조함을 방지하기 위해서 발바닥 전용 보습크림을 바르고 마사지를 해준다. 패드용 크림은 펫샵에서 구할 수 있다.

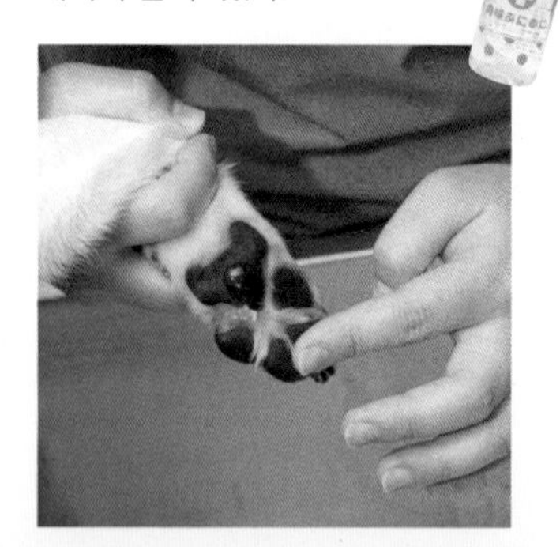

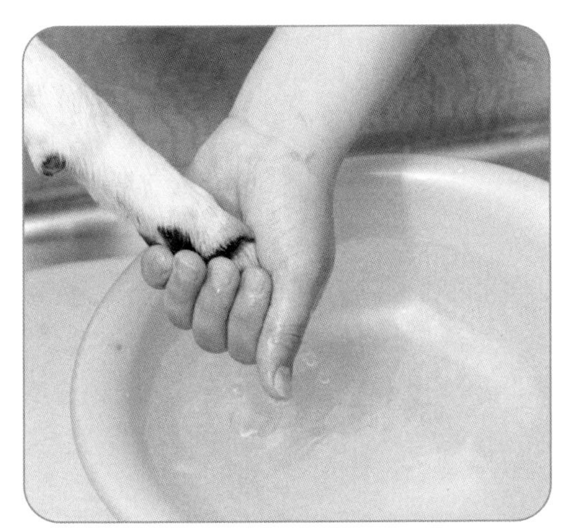

발바닥을 씻는 방법

STEP 1

발끝을 미지근한 물로 적신다

미지근한 물이 담긴 세면기에 개의 발을 담그고 발바닥에 수분이 스며들어 부드러워지게 한다. 그 후에는 부드럽게 비벼서 씻는다.

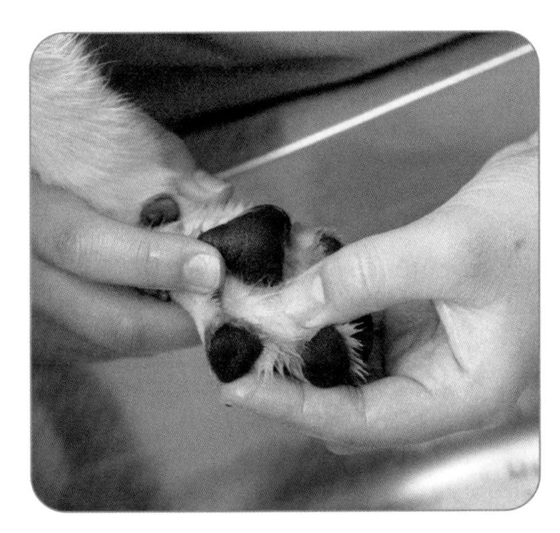

STEP 2

패드 사이도 깨끗이 닦는다

발 뒤쪽도 잊지 말고 체크하자. 패드 사이에 먼지나 오염물 등이 붙어 있을 수 있으므로 잘 확인해야 한다.

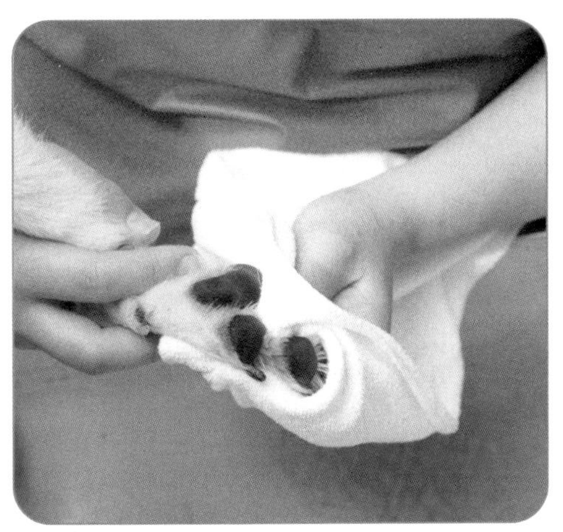

STEP 3

수건으로 잘 닦는다

씻은 후에는 수건으로 잘 닦는다. 패드 사이는 짓무르기도 쉽고 잡균도 잘 쌓이기 때문에 꼼꼼히 닦아야 한다.

오일마사지에 도전해보자

반려인과 반려견의 다정한 휴식 시간

딱딱해진 노견의 근육이나 뭉친 곳을 푸는 데에는 마사지가 효과적이다. 반려견과의 스킨십이나 건강을 체크하기 위해서 오일마사지에 도전해보는 것은 어떨까?

마사지라고 해서 어렵게 생각하지 않아도 된다. 말을 걸면서 반려견의 몸을 부드럽게 만져주는 것만으로도 충분하다! 털의 방향을 따라 온몸을 쓰다듬어주자.

사랑하는 반려인이 자신의 몸을 만져준다면 반려견은 매우 좋아할 것이다. 반려견의 스트레스도 해소되고 서로의 신뢰를 쌓는 데에도 도움이 된다. 산책이나 식사 후 등 오일마사지로 반려견과의 휴식 시간을 가져보자.

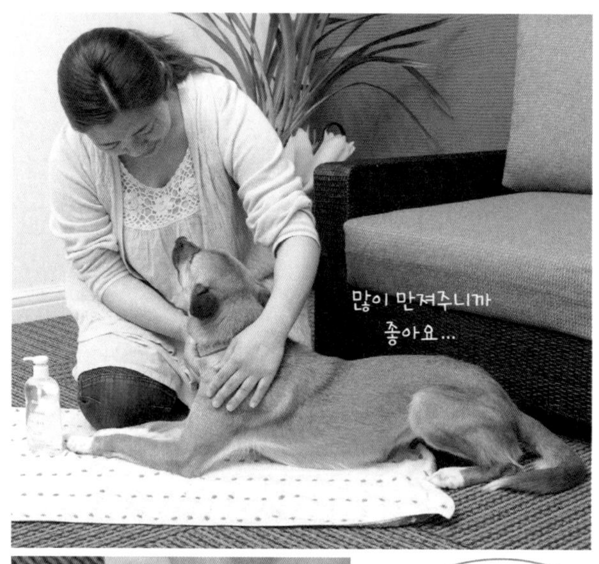

오일은 손에 비벼서 따뜻한 상태로 사용한다

오일은 손으로 잘 비벼서 따뜻하게 한 후에 사용한다. 사람이 쓰는 베이비오일을 사용해도 된다.

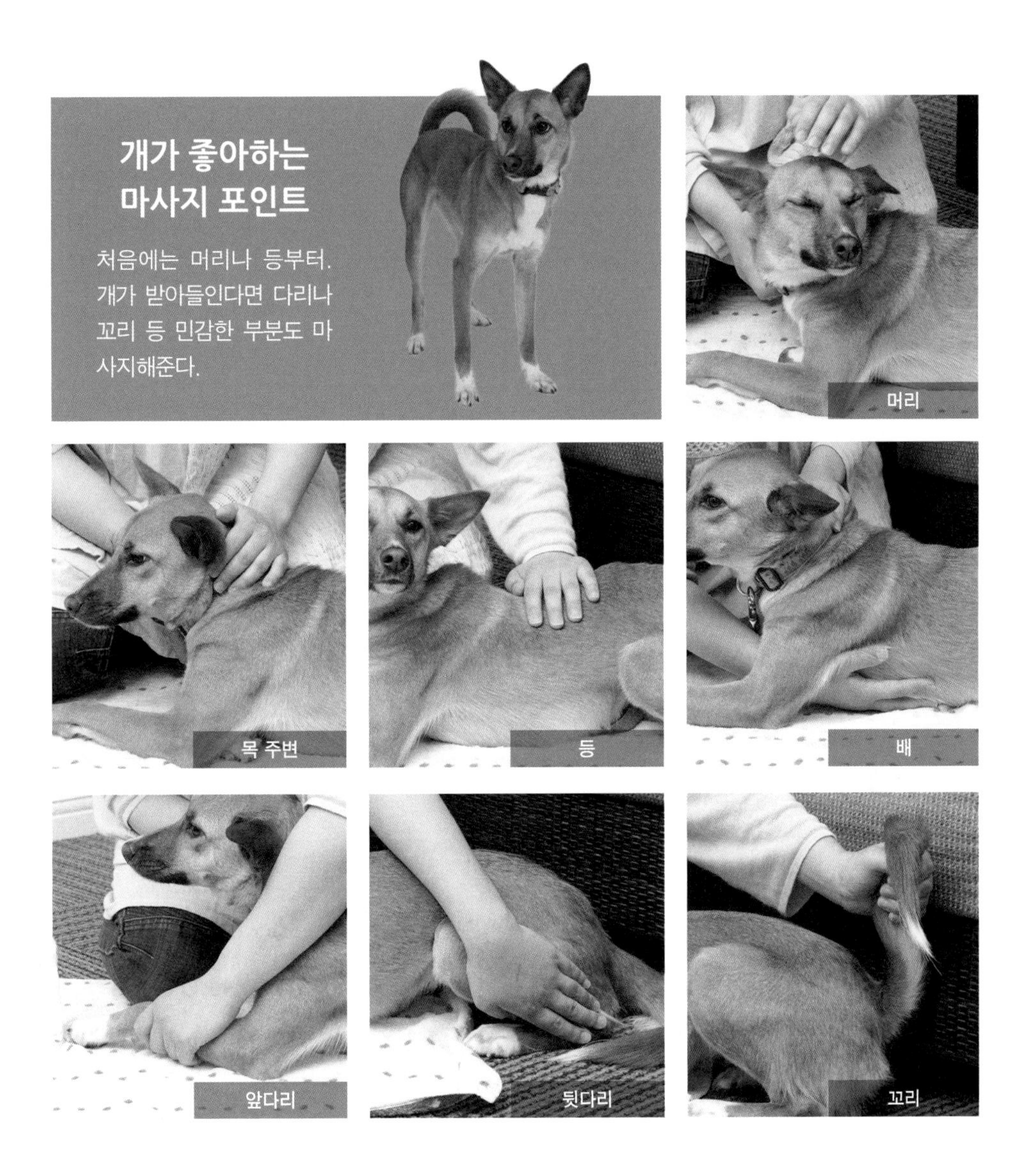
개가 좋아하는 마사지 포인트
처음에는 머리나 등부터. 개가 받아들인다면 다리나 꼬리 등 민감한 부분도 마사지해준다.
머리
목 주변
등
배
앞다리
뒷다리
꼬리

재확인하자! 7 **목욕**

노견이 되면 집에서 목욕을 시키는 횟수도 늘어날 수밖에 없다. 반려견이 아직 체력이 있을 때 반려인이 직접 목욕시키는 연습을 하는 것이 좋다.

반려견에게 부담을 주지 않는 목욕을!

성견일 때에는 애견미용실에서 목욕을 시키는 일이 많을 것이다. 하지만 노견이 되면 애견미용실에 다니는 것 자체가 스트레스가 되므로 노후를 대비하여 성견 때부터 집에서 목욕을 시킬 수 있도록 준비하자.

노견에게 목욕은 체력을 소모시키는 행위이다. 가능한 빨리 끝내는 것이 중요하다. 노견이 되기 전에 반려인도 집에서 하는 목욕을 연습해서 반려견에게 부담을 주지 않는 방법을 익히는 것이 바람직하다.

씻기 전에 준비하자!
세면기에 샴푸로 거품을 내두자

목욕은 조금 힘들어요.

거품망이 편리!

반려견을 씻기기 전에 미리 세면기 등에 거품 낸 샴푸를 준비해두면 시간을 단축할 수 있다. 거품망을 사용하면 재빨리 거품을 낼 수 있다.

목욕하는 방법

STEP 1

샤워기 헤드를 개의 몸에 밀착시켜서 온몸을 적신다

머리를 씻길 때에는 수압을 약하게

먼저 미지근한 물로 온몸을 적신다. 샤워기 헤드는 직접 몸에 닿게 하여 모근까지 확실하게 적신다. 머리 주변은 눈 등에 물이 들어가지 않도록 수압을 약하게 한다.

STEP 2

거품 낸 샴푸를
온몸에 비빈다

몸 전체를 물기로 적셨으면 거품 낸 샴푸를 온몸에 문지른다. 손톱은 세우지 말고 손가락만으로 씻는다. 얼굴이나 발 등도 꼼꼼하게 씻어준다.

몸뿐 아니라
얼굴이나 발도 잊지 말자!

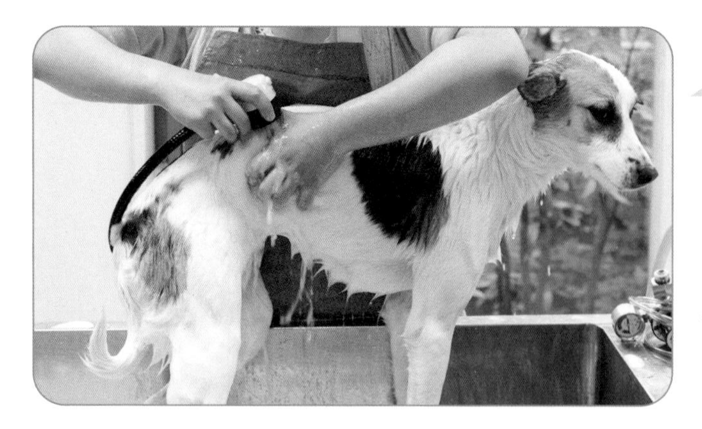

STEP 3

몸에 묻어 있는 샴푸를 잘 씻어낸다.

온몸에 거품을 잘 비빈 후에 따뜻한 물로 씻어낸다. 샴푸가 남아 있는 채 목욕을 끝내면 피부에 좋지 않으므로 찬찬히 잘 씻어내자.

STEP 4

머리 → 몸 순서로 재빨리 닦는다

개가 싫어하는 머리부터 닦는다!

몸을 닦을 때에는 젖어 있는 것을 싫어하는 머리부터 닦아준다. 수건은 흡수성이 좋은 경영용 스윔타올을 추천한다. 빨리 닦아낼 수 있다.

드라이기를 사용할 때에는 '냉풍'으로

드라이기로 말릴 때에는 반드시 '냉풍'으로 한다. 개는 사람보다 더위에 민감하기 때문에 온풍으로 말리면 싫어한다. 또 피부염이 있다면 사용에 더 주의한다. 잘 말리는 것도 중요하지만 증상이 악화되지 않도록 드라이기를 가까이 대지 않도록 주의한다.

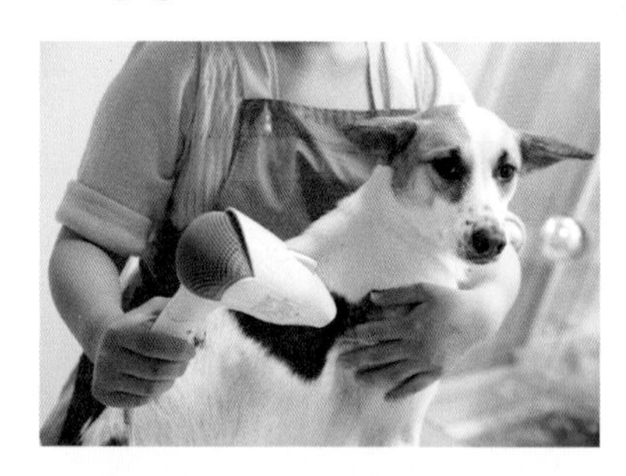

목욕 시킬 때 **항문샘을 짜주자!**

1단계를 마친 후에는 항문샘을 짠다. 항문샘의 분비물은 보통 배변 시 배설되지만, 잘 배설되지 못하고 남게 되면 항문농염이 되기도 하니 잊지 말고 짜주자.

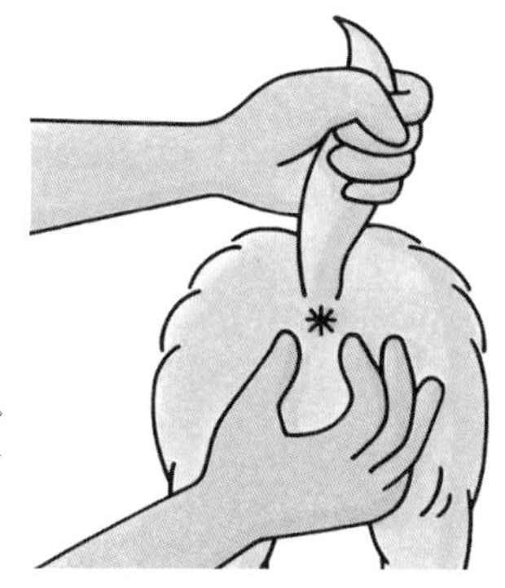

⇨
그림의 위치를 만지면 둥근 혹 같은 것이 느껴질 것이다.
여기를 짜면 분비물이 나온다.

뜨거운 바람은 싫다구요.

집에서도 할 수 있는 반려견의 건강 체크

건강할 때의 상태를 알면 몸의 이상을 바로 알 수 있다

반려견의 몸에 생긴 이상을 빨리 발견하기 위해서는 정기적인 건강 체크가 중요하다. 정상일 때 반려견의 상태를 파악해둔다면 몸에 뭔가 이상이 발생했을 때 바로 알 수 있게 된다.

여기에서는 반려인도 할 수 있는 건강 체크 방법을 소개한다. 꼭 실천하자.

해보자! 5가지 건강 체크

체온

펫 전용 체온계를 항문에 꽂아 잰다

개의 평열은 38~39℃. 펫 전용 체온계를 항문에 꽂아서 잰다. 반려견이 버둥거린다면 무리하게 재지 않는다. 사람용 체온계를 맥박 재는 장소('맥박' 란 참조)에 끼워 잴 수도 있다.

체중

반려견을 안고 체중 측정하기!

반려견을 안은 상태로 체중계에 올라가 잰 무게에서 반려인의 체중을 빼면 개의 체중을 알 수 있다. 딱히 어려운 건강 체크가 아니므로 가능한 매일 하는 것이 좋다.

배설물

대소변 체크 습관을 들이자

반려견의 대소변을 확인하는 것은 건강 체크의 기본이다. 배변 패드를 교체할 때 등 자연스럽게 확인하는 버릇을 들이자.

체크 포인트

- 대변의 굵기나 경도
- 대소변의 색깔이나 양, 냄새 등
- 피나 기생충 등이 섞여 있지 않은지
- 배설 횟수나 시간
- 배설 시 반려견의 모습

식욕이나 식사 방법으로 건강상태를 알 수 있다

먹기 시작할 때부터 다 먹을 때까지의 시간, 먹을 때의 모습, 먹고 남기지는 않았는지를 체크. 평소와 다른 점이 있다면 질병의 신호일 수도 있다.

맥박

뒷다리의 안쪽에서 맥박을 확인한다

뒷다리 안쪽 부분(그림 참조)을 만지면 두근두근 맥박을 느낄 수 있는 부분이 있을 것이다. 여기를 손으로 누르고 1분간 몇 번 뛰는지 횟수를 센다. 정상적인 개의 맥박수는 1분에 60~120회지만 개마다 다르다.

※ 맥박 수는 개체차가 있다. 수의사에게 물어보거나 정기적으로 계측하면 반려견의 평상 시 맥박수를 알 수 있다.

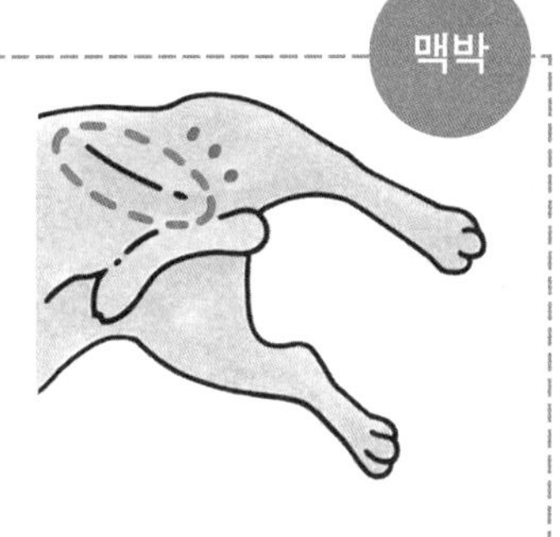

part 3

내 강아지의 몸의 변화에 맞는

사료 선택과 급여 방법

건강을 지키기 위해서 가장 중요하게 꼽을 수 있는 것은 매일 먹는 사료이다.
연령에 적합한 사료 선택과 급여 방법에 대해 확인해보자.
칼로리 계산이나 몸에 부담이 되지 않는 다이어트 방법도 함께 소개한다.

기초지식 ① 사료 고르는 방법

사료 선택 방법
장수하는 식사란?

고가의 사료일수록 건강에 좋다고는 할 수 없지만 지나치게 저렴한 사료라면 주의해야 한다. 반려견의 건강을 유지하기 위해서 '사료'에 관한 기초지식을 익혀보자.

포장지에 반드시 기입해야 할 9가지 항목

애견샵에 가면 수많은 종류의 사료들이 있다. 무엇을 기준으로 선택해야 할까?

일본의 공정거래위원회와 소비자청은 2010년 11월 30일에 '펫푸드의 표시에 관한 공정경쟁규약'을 고시했다. 자체 기준이기 때문에 위반해도 벌칙이 적용되지 않지만 현재 시중에 유통되는 대부분의 사료는 이 규약을 준수하고 있다. 아래의 표는 포장지에 필요한 표기사항을 정리해놓은 것이다.*

먼저 표의 9가지 항목이 제대로 기재되어 있는지를 확인하자. 표기가 없는 것은 피하는 것이 좋다.

사료 표기에 관한 공정경쟁규약에서 필요한 표시사항

1	사료의 명칭
2	사료의 목적
3	내용량
4	급여방법
5	유통기한
6	성분
7	원재료명
8	원산국명
9	사업자명 또는 명칭 및 주소

* 전 세계에서 기준치로 삼는 것은 미국사료협회 AAFCO의 펫푸드 영양 성분 가이드라인이다. 부록에 2020년 발표된 기준치를 소개했다.

사료 선택 방법

5가지 체크 포인트

주식이 되는 건사료는 오른쪽의 체크 포인트를 기준으로 선택한다.

1 원료가 정확히 표기되어 있는지

가능한 모든 원재료가 표기되어 있는 것으로. 모두 표기되지 않은 것도 있으므로 주의하자.

2 '종합영양식'이라는 표시가 있는지

주식으로 할 생각이라면 이 표시가 있는 푸드를 선택하자. '이만큼 필요한 영양을 섭취할 수 있다'라는 의미이다.

3 패키지에 고객상담실이 명기되어 있는지

성명, 명칭, 주소 외에 상담실이 명기되어 있는 것으로. 문의에 대해 적극적인 모습이라면 OK.

4 상품이 제대로 관리되고 있는지

매장에서 상품이 잘 보관되고 있는지 체크한다. 습기 때문에 제품이 불량한 상태가 될 수도 있다.

5 유통기한이 표시되어 있는지

유통기한이 제대로 표시되어 있지 않은 식품도 있으므로 주의요망. 다 먹을 시기를 역산해서 구입한다.

외워두자! 사료 상식

주식으로는 '종합영양식'인 건사료를 선택하면 된다. 하지만 그 외에도 푸드의 종류는 많다. 목적, 단단한 정도, 성장 단계에 의한 구분법을 익혀 상태에 맞게 사용하자.

목적에 의한 구분

종합영양식

생활이나 성장에 필요한 영양이 균형 있게 배합되어 있다. 이만큼 먹으면 영양면에서 충분하다는 식품이므로 주식으로 선택한다.

간식

'간식' '트리츠' 등으로 불리는 식품. 훈련의 보상으로 사용한다. 치즈나 저키는 고칼로리이므로 많이 주지 않도록 한다.

그 밖의 목적식

'부식 · 간식' '영양보조식' '특별요법식' 등이 여기에 포함된다. 종합영양식을 보조하는 목적으로 제조된 식품이다.

부식 · 간식 타입

평소 급여하는 건사료에 토핑하기 좋은 기호성이 높은 식품.

영양보조식

특정 성분을 보충해주기 위한 식품.

특별요법식

질병 상태를 개선할 목적으로 급여하는 식품. 수의사의 처방이 필요하다.

맛있군♡

경도에 따른 구분

수분 10% 정도	수분 25~35% 정도	수분 25~35% 정도	수분 75% 정도
드라이	**소프트드라이**	**세미 모이스트**	**습식**

수분이 10% 전후인 건사료이다. 이빨에 문제가 없는 한 가능한 큰 알갱이가 좋다. '씹는 힘'이 단련되어 건강해진다.	촉촉한 반 습식 상태의 푸드로 가열 발포 처리된 푸드이다. 이빨에 문제가 있는 노령견 등에게 적합하다.	반 습식 상태라고 해도 발포되어 있지 않은 식품은 '세미 모이스트'라고 표시된다. 수분 함유량은 소프트드라이와 같다.	기호성이 높고 부드러운 푸드로 냄새가 강해서 개가 좋아한다. 종합영양식과 간식 타입 모두 있다.

성장단계에 따른 구분

기준 연령에 따른 구분이다. 주요 분류는 아래의 표를 참조하면 된다. '그로스'는 비타민, 미네랄, 아미노산 등이 강화되고, '노령견'은 저지방 · 저칼로리 등 일반적인 경향은 있지만 명확한 규정에 근거한 것은 아니다.

<table>
<tr><th>월령 · 연령별</th><th>기준</th><th>분류표시와 내용</th></tr>
<tr><td>생후 4주까지</td><td>수유기용 푸드</td><td>개의 모유 성분을 주로 한 가루나 액상 우유</td></tr>
<tr><td>생후 8주 전후까지</td><td>유아기용 푸드</td><td>후레이크나 분말 상태의 것을 페이스트로 한 것. 또는 먹기 쉽게 습식으로 만든 것.</td></tr>
<tr><td>약 1세까지
※ 대형견은 약 1세 반까지
※ 초소형견은 10개월까지</td><td>성장기용 푸드</td><td>'유견식 성장기' 또는 '그로스'라고 표시된다. 발육에 필요한 비타민, 미네랄, 아미노산 등이 강화되어 충분한 단백질과 지질을 섭취할 수 있도록 설계되어 있다.</td></tr>
<tr><td>1~8세 전후까지</td><td rowspan="2">유지기 푸드</td><td>'성견식' 또는 '성견용'으로 표시되어 있다. 다양한 타입의 푸드가 갖춰져 있다.</td></tr>
<tr><td>6~8세 이후</td><td>'고령견' '노령견' 등으로 표시. 운동량이나 대사 저하에 맞춘 저지방 · 저칼로리 용품.</td></tr>
</table>

건사료 · 습식사료 · 간식
푸드를 현명하게 구분해서 급여하자

밥의 기본은 종합영양식의 표시가 있는 건사료와 물이다. 상황에 맞게 습식사료나 맛있는 간식을 잘 구분해서 사용하여 개의 '먹고 싶은' 마음을 만족시켜주자

노령견이 되기 전에 입자가 큰 건사료로 이빨과 턱을 단련하자

개에게 '씹는 힘'은 매우 중요하다. 강아지 때부터 알갱이가 큰 건사료를 아그작아그작 씹어서 턱의 힘을 단련시키면 노령견이 되어도 이빨에 관련된 질병으로 고민할 일도 적다. 덴탈 케어를 중시한 특별요법식도 있으므로 수의사에게 상담해보자.

또 개가 좋아하며 먹는다는 이유로 습식사료를 주는 사람이 많을 것이다. 칼로리가 높다고 생각하는 사람도 있겠지만 실제로는 그렇지 않다. 습식만 줘도 문제는 없지만 **이빨이나 턱을 생각해서 건사료와 병용하는 것이 좋다.**

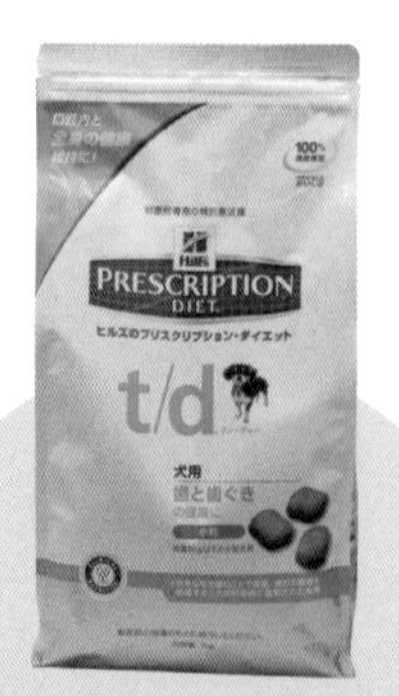

덴탈 케어의 특별요법식을 줄 때에는 수의사의 조언을 받아보자.

건사료에 함유된 수분은 10% 전후. 물도 함께 주는 것을 잊지 말자.

특별요법식
(덴탈 케어)
큰 알갱이

중 · 대형견용 대립 건사료. 씹는 힘을 기를 수 있다. 필요한 영양소도 모두 포함되어 있다.

특별요법식
(덴탈 케어)
작은 알갱이

소형견의 요법식. 오른쪽 아래의 일반 건사료와 비교하면 꽤 큰 알갱이이다.

건사료(성견용)

다른 식재료를 토핑해서 급여해도 되지만 영양의 균형이 무너지지 않도록 주의한다.

습식사료(성견용)

기호성이 높기 때문에 습식사료에 익숙해지면 건사료를 먹지 않는 개도 있다.

이것도 맛있어 보여...

6~8세가 되면

시니어 사료로 교체할지 고민한다

칼로리가 신경 쓰이는 연령이라면 조금씩 바꾼다

나이를 먹으면 대사 기능이 떨어지는 것은 사람이나 개나 마찬가지이다. 젊을 때와 똑같은 페이스로 먹으면 비만해지기 쉬운 것도 사실이다. 6~8세의 '시니어' 연령이 되면 시니어 사료로 교체하여 자연스럽게 칼로리를 제한하는 것도 좋은 방법이다.

시니어 사료는 맛이나 식감이 다르기 때문에 교체할 때에는 아래의 표처럼 조금씩 비율을 높이면서 자연스럽게 스며들어야 한다.

시니어용 사료를 구입할 때에는 대상연령을 정확히 확인하자.

식사 횟수≠2회

가끔은 급여 방법을 바꿔보자!

강아지는 1일 3회, 성견 이후에는 1일 2회가 표준적인 식사횟수이다. 하지만 매일 정해진 시간에 항상 주는 사료만 준다면 개도 즐겁지 않을 것이다. 때로는 콩에 사료를 넣어주는 방법도 좋다. 주는 시간대를 바꾸거나 산책 중에 평소와는 다른 사료를 주는 등 반려견의 예상을 뛰어넘는 아이디어로 즐겁게 해주자. 먹고 싶어 하지 않는다면 한 끼쯤은 걸러도 괜찮다. 반려인이 여러 가지 방법을 연구하면 식사의 즐거움은 배가 될 것이며, 그것은 건강을 유지하는 중요한 힘이 될 것이다.

● **평소의 패턴**

아침… 건사료
점심… 가끔 간식
저녁… 건사료

→

● **패턴A**

아침… 건사료
점심… 없음
저녁… 산책 중에 습식사료

↓

● **패턴B**

아침… 건사료
점심… 콩에 밥
저녁… 없음

기초지식 ③ 노화를 예방하는 개의 식사

건강을 지키는 3가지 방법

식욕 회복 · 지방질 회피 · 보조제

무엇을 먹는지도 중요하지만 노령견에게는 식생활을 연구하는 것이 중요하다. 노령견의 식사에 관한 3가지 포인트를 집어보고 반려견의 건강을 지킬 수 있는 반려인이 되도록 하자.

식욕 회복

'왜' 먹지 않는지 생각해보자

치매에 걸려서 아무리 먹어도 만족하지 못하는 개도 있지만 일반적으로는 노화가 오면 식욕이 감퇴된다. 하지만 안이하게 '나이를 먹었으니 원하지 않는다'라고 결론내리는 것은 위험하다. 먹고 싶지 않아서가 아니라 이빨이 아파서 먹지 못하는 케이스도 있기 때문이다. 반려견을 잘 관찰하여 먹지 않는 이유를 진지하게 생각해보자. 수의사에게 상담하는 것도 좋은 방법이다.

이유 ① **운동을 하지 않으니까 배가 고프지 않다.**

노령견이 되면 운동량이 감소한다. 관절이 아프기 때문에 움직이고 싶어 하지 않는 것도 이유로 생각해볼 수 있다.

대책 **한 끼를 거르게 하고 모습을 살핀다**

한 끼를 거르게 하고 모습을 살펴보자. 운동부족으로 식욕이 없다면 시간이 지나면 평소처럼 먹을 것이다.

이유 ② | 이빨이 아파서 등 구강 내 트러블

이빨이 아프고 씹을 때 위화감이 있는 등 구강 내 트러블이 있다면 먹고 싶어도 먹을 수가 없을 것이다. 부드러운 사료를 주고 먹는 모습을 관찰해보자.

대책 **동물병원에 간다**

부드럽게 만든 음식을 먹었다고 해서 문제가 해결된 것은 아니다. 동물병원에 가서 확실하게 치료를 받는 것이 좋다.

이유 ③ | 나이가 들어 식욕이 떨어졌다

물론 나이 때문에 식욕이 없는 케이스도 있다. 식욕이 떨어져 마르는 것이라면 기호성이 높은 사료를 급여하고 먹는 모습을 살펴본다.

대책 **평소 먹이는 푸드에 토핑을 한다**

토핑을 해서 일시적으로 식욕이 회복되었다고 안심할 수는 없다. 수의사에게 상담해보자.

주의 시니어 푸드는 양을 줄이면 몸이 마를 수도 있다

시니어용 푸드는 원래 칼로리가 낮다. '다이어트 시키고 싶다'라는 이유로 양까지 줄이면 급격하게 마르므로 주의해야 한다.

지질회피

지방분이 많은 간식에 주의한다

노화를 방지하고 건강한 상태로 오래 살게 하기 위해서는 지방분이 많이 포함된 식품을 가능한 피해야 한다. 하지만 맛있는 간식을 주고 반려견의 기뻐하는 얼굴이 보고 싶은 것도 사실이다. 급여해도 상관없지만 주는 양에 주의하자. 칼로리가 높은 것을 급여한 날에는 평소보다 사료 양을 적게 조절한다.

간식 칼로리도 포함시킨다!

밥×2+간식

‖

1일 총칼로리

'밥 2끼 분량'에 간식 칼로리를 더해서 계산한다. 총 칼로리로 조정하면 칼로리오버를 방지할 수 있다.

보조제

반려견의 상태를 고려해서 급여한다

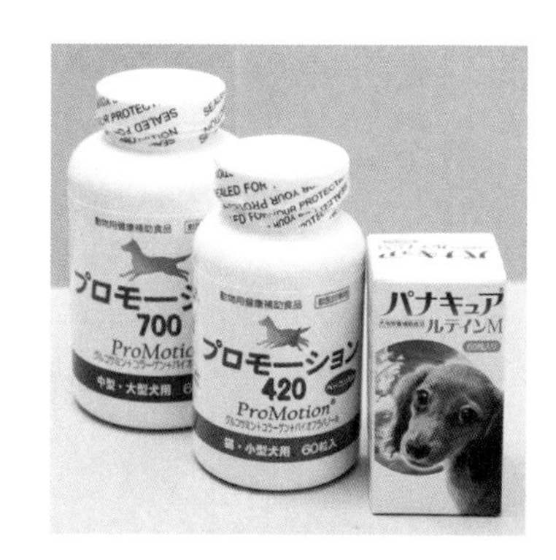

'보조제'는 영양보조식(102쪽 참조)을 말한다. 아래의 표와 같이 효과를 강조하며 노령견에게 적합한 다양한 제품이 나와 있는데 많이 먹인다고 해서 그만큼 효과적인 것은 아니다

반려견의 상태, 증상 등을 고려하면서 효과적으로 섭취시키는 것이 중요하다. 보조제를 급여할 때는 다니는 병원의 수의사에게 상담하자.

노령견, 노견에게 추천하는 보조제

<table>
<tr><td rowspan="3">노화 예방</td><td>PA</td><td>생선에 함유된 불포화지방산. 혈전방지, 치매에 의한 문제행동 억제에 효과가 있다.</td></tr>
<tr><td>DHA</td><td>생선에 함유된 불포화지방산. 콜레스테롤 대책에 좋다. 치매 예방이나 개선에 효과가 있다.</td></tr>
<tr><td>코엔자임Q10</td><td>체내 세포에 있는 항산화 효소. 면역시스템을 활성화시킨다.</td></tr>
<tr><td rowspan="2">관절 노화 예방</td><td>글루코사민</td><td>관절염 통증이나 붓기를 완화. 갑골류의 키틴질에서 만들어진다.</td></tr>
<tr><td>콘드로이신</td><td>뼈의 형성을 돕고 관절염의 증상을 완화시킨다. 상어 연골 등이 원재료이다.</td></tr>
<tr><td rowspan="2">시력 회복</td><td>베타카로틴</td><td>녹황색 야채에 함유된 색소. 체내에서 비타민A로 바뀌면서 눈의 피로를 회복시키고 점막도 보호한다.</td></tr>
<tr><td>루테인</td><td>카로티노이드의 일종. 수정체나 망막의 산화를 억제하고 눈을 보호하는 기능이 있다.</td></tr>
<tr><td>간 기능 개선</td><td>S아데노실루메티오닌</td><td>아미노산의 일종으로 간장에 필요한 글루타오친을 생성. 간 기능의 작용을 돕는다.</td></tr>
</table>

※ 보조제의 효과는 개체마다 차이가 있다. 급여할 때에는 수의사에게 상담하도록 한다.

주1회 직접 만든 음식으로 '맛있는 날'을 함께 즐긴다

직접 만든 음식으로 영양의 균형을 맞추기는 어렵겠지만 일주일에 한 번 정도라면 조금쯤 허락해도 괜찮을 것이다. 함께 식사를 하는 가족 이벤트로 즐겨보자.

수제음식을 즐기기 위해서 주 1회는 '맛있는 날'로!

개에게 필요한 영양소를 균형에 맞게 만들기 위해서는 고도의 기술이 필요하다. 매우 어려운 일이므로 전문적인 지식이 있는 사람이 아니라면 평소 급여하는 종합영양식에 토핑하는 정도에 그치는 것이 좋다.

그래도 손수 만든 음식을 먹여주고 싶다면 토요일이나 일요일을 '맛있는 날'로 정해서 가족과 반려견 모두에게 성찬을 준비해 가족과 함께 식사를 즐겨보자. 약간의 칼로리 오버는 눈감아주고 반려견이 좋아하는 것을 제공하자. 다소 균형이 무너지더라도 일주일에 한 끼 정도는 괜찮다. 대신 평일에는 그만큼 엄격하게 칼로리를 제한하도록 한다.

재확인하자!

개에게 먹이면 안 되는 식품

실수로 잘 흘리는 식재료도 있으므로 주의하자.

절대로 먹여서는 안 되는 식재료는 오른쪽 표에서 재확인하자. 먼저 파 종류는 어떤 것이든 절대 안 된다. 부추나 마늘 등 향이 강한 채소도 위험하다. 또 초콜릿 종류는 코코아도 포함되어 있어서 안 된다. 과자류에는 초콜릿류, 포도류, 향신료 등이 함유된 것이 많으므로 기본적으로는 주지 말아야 한다. 또 염분이 함유되어 있는 것도 주의가 필요하다. 식빵이나 프랑스빵은 의외로 염분을 많이 사용하고 있으므로 먹이지 않는 것이 좋다.

대파
양파
부추
마늘
초콜릿
초콜릿 과자
코코아
향신료
포도
건포도
마카다미아 땅콩
염분이 높은 식재료

마늘 양파

포도

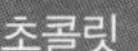

수제음식에 도움이 되는 식재 메모

동물성 단백질

소고기

단백질이나 지질 이외에 철, 아연 등도 포함되어 있다. 지방이 많은 소고기는 가능한 피하고, 붉은 살코기를 중심으로 급여한다. 생식으로 줄 때는 구충제를 꼭 복용시킨다.

닭고기

소고기보다 저칼로리이기 때문에 다이어트에도 적합하다. 껍질 부분에 함유된 콜라겐을 효율적으로 흡수시키기 위해서 비타민C를 풍부하게 함유한 야채와 함께 급여한다.

돼지고기

기생충 감염이 우려되는 만큼 반드시 익혀서 준다. 다른 고기에 비해 소화가 잘 되지 않으므로 발효식품(낫토, 요구르트 등)을 섞어서 조리하는 것이 좋다.

말고기

고단백 저칼로리 식품의 대표주자. 다이어트를 시키고 싶은 개에게도 최적이다. 연령에 따라 식욕을 잃은 노견에게도 추천. 적은 양으로도 충분한 단백질을 보충할 수 있다.

달걀

영양가 높은 동물성 단백질로, 조리법에 따라 다양한 요리에 이용할 수 있다. 소화도 잘 되고 대량으로 주는 것만 아니라면 콜레스테롤을 걱정할 필요는 없다.

유제품

우유는 칼슘이 풍부하게 함유된 훌륭한 단백질 식품이지만 사람과 마찬가지로 유당에 민감해서 배탈이 나는 개도 있다. 요구르트나 치즈는 유당이 적기 때문에 문제없다.

어류

어류의 단백질은 소화가 잘 되고 불포화지방산(DPA, DHA)을 많이 함유하고 있기 때문에 건강에 좋다. 급여할 때에는 선도를 중시해야 한다.

야 채

양배추

위장 점막 대사를 좋게 하는 비타민 U가 풍부하게 함유되어 있다. 식감이 신경 쓰인다면 데쳐도 되지만 생으로 먹어야 비타민을 더 많이 흡수할 수 있다.

오이

이뇨작용이 있어서 소변을 잘 나오게 한다. 고혈압, 신장병, 심장병 등을 앓고 있는 개에게는 딱 좋은 식재이다. 익혀서 주지 말고 생으로 급여한다.

시금치

수산이 함유되어 있어 데친 후 찬물에 씻어 독성을 제거하고 줘야 한다. 녹색 색소인 클로로필에는 혈액 속의 독소를 청소하는 기능이 있다고 한다.

단호박

비타민 E를 풍부하게 함유한 식재이다. 노란색 색소의 원료가 되는 베타카로틴은 노화를 예방한다. 비타민 C도 풍부하게 함유하고 있으므로 적극적으로 먹이는 것이 좋다.

당근

암이나 노화를 예방하는 베타카로틴이 풍부하게 함유되어 있다. 각종 비타민이나 미네랄도 풍부하기 때문에 적극적으로 주면 좋다. 생으로 먹이기 어렵다면 데쳐서 작게 잘라 준다.

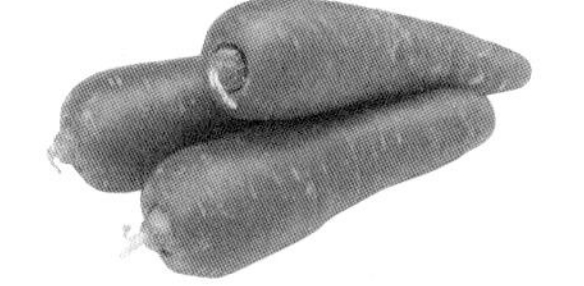

상추

대부분이 수분이지만 철분, 베타카로틴, 각종 비타민(B1, C, E) 등도 포함되어 있다. 생으로 준다. 아삭아삭한 식감 때문에 좋아하지 않을 수도 있다.

아스파라거스

카로틴, 셀레늄, 비타민 C가 많이 함유되어 있다. 신진대사를 활발하게 하고 피로회복에도 효과가 있다. 데친 후에 작게 잘라서 준다.

과 일

사과

비타민 A군, B군을 많이 함유하고 있다. 미네랄도 풍부하고 피로회복에 도움이 되는 사과산, 구연산도 섭취할 수 있다. 얇게 잘라서 주면 먹기가 쉽다.

키위

단백질 분해 효소를 많이 함유하고 있다. 육류를 섭취한 후에 먹이면 효과적이다. 고기를 부드럽게 하는 힘이 있다. 또 비타민 C도 많이 함유하고 있다.

바나나

칼륨 등의 미네랄이 풍부한 과일이다. 당분이 강하기 때문에 좋아하는 개가 많은 것 같다. 한 번에 많이 주지 않도록 주의하며 조금씩 잘라서 준다.

기 타

백미

전분이 다량 함유되어 있어 개로서는 소화시키기 힘든 식재료이다. 사람이 먹는 밥처럼 개에게도 똑같이 먹여서는 안 된다.

버섯류

표고버섯, 송이버섯 등은 면역력을 높이는 효과가 있는 것으로 알려져 있다. 단 설사나 구토 등 과민반응을 하는 개도 있으므로 처음에는 소량만 먹여보자.

해조류

미네랄이나 식물성 섬유가 풍부한 다시마, 미역, 톳 등은 줘도 괜찮은 식재. 저칼로리이므로 안심이다. 콜레스테롤 등을 몸 밖으로 배출하는 효과가 있다.

두부 · 콩비지

단백질이나 비타민 B군을 대량으로 함유한 대두제품 중에서도 두부, 콩비지, 낫토 등은 비교적 소화가 잘되므로 줘도 괜찮다. 다른 식재에 섞어서 주면 조리법의 폭이 넓어질 것이다.

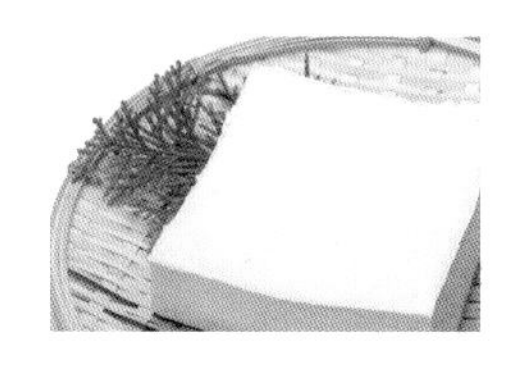

너트류

참깨, 밤, 호두 등은 소량이라면 괜찮다. 지질이 많고 칼로리가 높기 때문에 주의해야 한다. 단 마카다미아 땅콩은 중독증상이 보고되기 때문에 위험하다.

건강 메소드 ❶ 비만도 체크

중년비만은 사람만의 문제가 아니다. 개 역시 6~7세경부터 체중이 증가하는 경향이 있다. 일단 비만인지 여부부터 올바르게 판단해보자.

개에게도 있는 '숨은 비만'. 보이는 대로 판단하는 것은 위험하다

반려견도 노화하면 대사가 저하된다. 대사가 떨어지면 지방을 연소시키는 힘이 약해지고, 동시에 운동량도 감소하기 때문에 젊을 때와 똑같은 칼로리를 섭취하면 살이 찐다. 하지만 '살이 쪄 보인다 = 돼지 = 건강하지 않다'가 아니다. 근육이 발달해서 살쪄 보이지만 사실은 내장지방이 적은 개도 있고, 마른 듯 보여도 체지방률이 매우 높은 개도 있다. 따라서 살이 과하게 찐 것이 건강에 좋지 않은 것은 사실이지만 겉모습만으로 판단해서는 안 된다.

살이 쪘다≠건강하지 않다

체중이 약간 오버하는 정도는 괜찮다

'비만은 보기에 안 좋다'라고 생각해서 반려견에게 다이어트를 강요하는 반려인이 있다. 하지만 스타일만 신경 쓰는 것은 생각해볼 문제이다. 행동이 느려질 만큼 살이 찐 것이 아니라면 조금 통통한 정도는 문제없다. 조금 살찐 개가 마른 개보다 체력이 더 있기 때문에 병에 걸렸을 때 더 잘 버티는 경향도 있다.

Check point

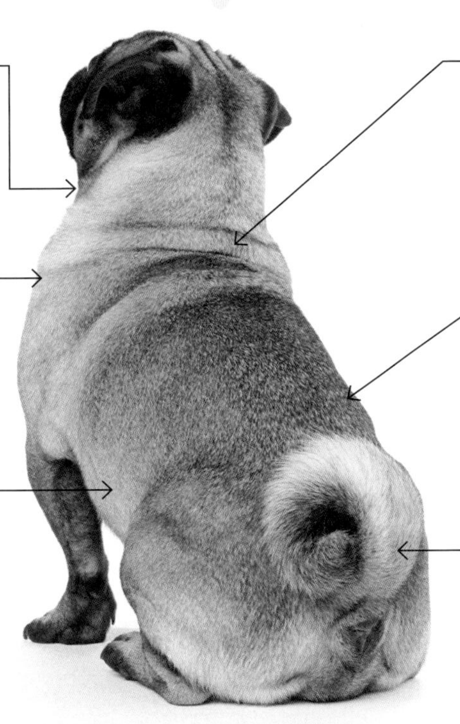

턱밑

턱 밑의 살을 잡았을 때 조금 잡히는 정도가 이상적. 편하게 잡히면 살이 찐 것이다.

늑골

살짝 눌렀을 때 늑골이 확인되면 문제없다. 뼈가 느껴지지 않는다면 살이 찐 것이다.

배

일어선 상태에서 옆에서 살펴보자. 가슴에서 배에 걸쳐 단단하게 조여 있다면 OK. 늘어져서 바닥과 평행하다면 주의 요망.

뒷덜미

목에서 어깨까지의 라인이 날렵하다면 OK. 주름이 접히거나 지방이 잡힌다면 살이 찐 것이다.

잘록한 허리

위에서 봤을 때 '잘록함'이 있는지 체크. 자세한 사항은 다음 페이지의 바디 컨디션 스코어를 참조.

꼬리

꼬리가 난 곳에 여분의 지방이 붙었는지 확인. 앉았을 때 꼬리가 나 있는 엉덩이 쪽에 살이 피둥하게 올라와 있다면 살이 찐 것이다.

몸을 만져서 체크

반려견의 비만이 신경 쓰이기 시작했다면 먼저 몸을 만져서 체크한다. 체크 포인트는 118쪽 그림의 6가지인데 '살이 찐' 기준에 부합된다면 체지방을 계측해주는 동물병원을 찾아보자.

체중 재는 방법

안고 잰을 때의 체중 – 반려인의 체중 = 반려견의 체중

가장 간단한 계측방법이 '반려인의 체중을 빼는 것'이다. 단 같은 견종이라고 해도 체격(체고)에 따라 표준체중이 다르므로 체중만으로 비만경향을 판단하기는 어렵다. 이럴 때에는 체지방률을 재보는 것이 가장 확실한 방법이다.

바디 컨디션 스코어로 체크

동물병원의 벽보나 다이어트 팸플릿으로 친숙한 바디 컨디션스 코어는 개를 옆과 위에서 보고 비만 경향을 추측하는 판단자료이다. 단 경향은 알 수 있지만 비만의 정도는 판단할 수 없다.

	이상 체형	비만 체형	초비만 체형
옆에서 본 모습			
위에서 본 모습			
체형별 특징	옆구리를 만지면 피부 밑으로 늑골이 느껴지는 상태. 동체의 잘록함도 확연하게 들어온다.	허리의 잘록함이 거의 없기 때문에 전체적으로 통실한 인상. 옆구리를 세게 누르지 않으면 늑골을 확인할 수 없다.	흉부, 등뼈, 목. 늑골에 두꺼운 지방이 붙어 있다. 옆구리를 눌러도 늑골을 확인할 수 없고 허리의 잘록함도 없다.

동물병원의 체지방계로 체크

체지방계로 계측하면 체중에 대한 지방의 비율(체지방률)을 알 수 있다. 일반적으로 개의 체지방률 표준은 15~25%. 25~35%는 비만 기미, 35% 이상은 비만으로 보고 있다. 같은 체중이라고 해도 지방의 비율이 다르므로 일단 계측을 해보자.

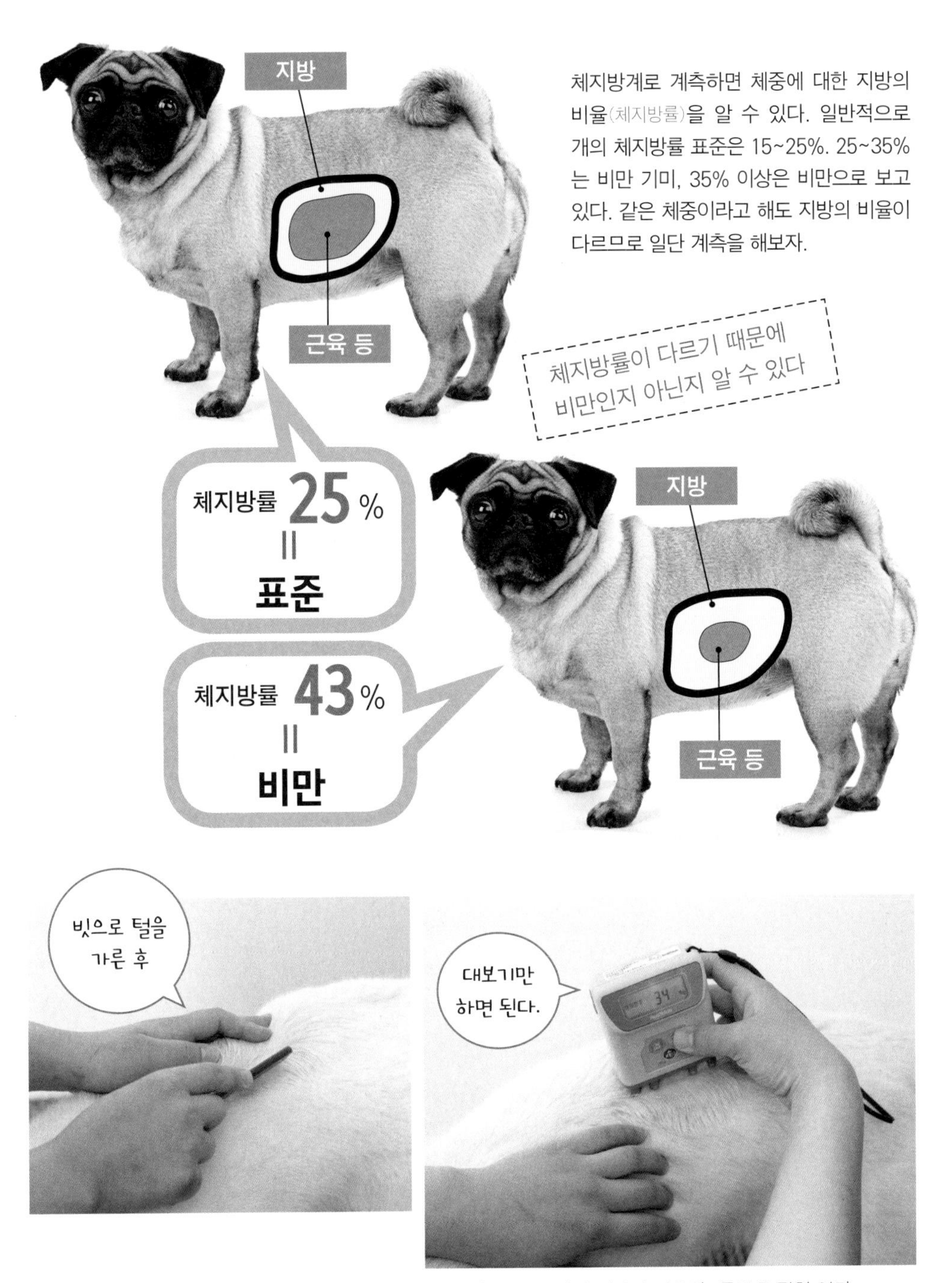

털을 빗 등으로 가른 후 계측기를 피부에 대기만 하면 된다. 약 1분이면 결과가 나온다. 통증은 전혀 없다.

건강 메소드 ❷

칼로리 계산

칼로리 계산은 어렵게 느껴지지만 사실 전자계산기만 있다면 간단하다. 식사량을 제대로 증감할 수 있도록 계산 방법을 익혀보자.

칼로리 공식을 배워 식사량을 조절!

종합영양식의 패키지에는 체중에 따른 1일 적량과 100g당 칼로리 양이 표시되어 있지만 이것은 대략적인 수치일 뿐이다. 같은 성분이라고 해도 중성화수술을 한 개와 하지 않은 개에게는 급여할 칼로리 양이 다르다. 또 운동을 많이 한 날과 산책을 나가지 않은 날을 똑같이 카운트하는 것도 무리가 있다. 예민하게 반응할 필요는 없지만 식사량을 컨트롤하고 싶다면 칼로리 계산방법을 배워두는 것이 좋다.

STEP 01 'RER'을 계산하자

※ 'RER'이란 '안정 시 하루에 필요한 에너지 량'을 뜻한다.

먼저 반려견의 체중을 잰다(117쪽 참조). 그리고 그 체중에 0.75를 제곱한다. '0.75제곱'은 아래와 같이 전자계산기로 √‾를 사용해 2번 나누면 된다. 유도한 수치에 70을 곱하면 'RER' 수치가 나온다.

● 간단하게 계산하고 싶다면?

개의 체중이 2~45kg일 때 아래의 공식에 적용해도 대략적인 수치를 계산할 수 있다.

'RER'=
30×(□kg)+70

체중 5kg을 예로 계산하면

30×5+70=220(kal)

가 된다.

먼저 아래의 공식을 외운다.

$$\text{'RER'} = 70 \times (\square\text{kg})^{0.75}$$

예를 들어 체중 5kg의 개라면…

□에 5를 대입하고, 처음에 '5'의 0.75제곱을 계산한다.

계산기를 사용하면 아래의 방법으로 간단히 계산할 수 있다.

$$5 \times 5 \times 5 \div \sqrt{} \div \sqrt{} \fallingdotseq 3.34$$

70에 이것을 곱하므로…

$$\text{'RER'} = 70 \times 3.34 = 233.8 \fallingdotseq 234$$

즉 하루에 필요한 기초에너지는

234(kcal)가 된다.

STEP 02 'DER'을 계산하자

※ 'DER'이란 '여러 가지 조건에 따른 하루에 필요한 칼로리의 총량'을 말한다.

'DER'은 'RER'의 수치에 조건에 따른 계수(일정 수)를 곱한 것이다. 중성화의 유무, 개의 나이, 노동량(운동량) 등에 따라 계수가 달라진다. 이렇게 하면 필요한 칼로리(사료의 양)를 알 수 있다.

다음은 'RER' 수치를 기본으로 하루에 필요한 칼로리의 총량을 계산한다.

- 중성화 등에 따른 DER

중성화수술을 한 성견	중성화수술을 하지 않은 성견
1.6×'RER'	1.8×'RER'

121쪽의 예를 중성화하지 않은 수컷 성견이라고 가정했을 때

1.6×234=374.4≒374(kcal)가 된다.

이 수치는 개의 일생에 따라 변화한다.

- 연령에 따른 DER

이유~4개월령	4개월령~성견
3×'RER'	2×'RER'

또 사역견의 경우에는 노동량에 따라 계수가 달라진다.

- 노동량에 따른 DER

가벼운 노동 …2×'RER'

중간 정도의 노동 …3×'RER'

중노동 …4~8×'RER'

STEP 03 도그푸드를 조정하자

중성화수술을 한 체중 5kg인 수컷 성견이라면

1.6×234=374.4≒374(kcal)가 된다

만약 100g에 300(kcal)의 도그푸드를 급여하고 있다면

374÷300≒1.3

즉 하루에 주는

도그푸드의 양은 130g이 된다.

단 이것은 안정시의 수치이므로 매일 산책을 하는 개라면 10% 정도는 추가해도 괜찮다.

374(kcal)**×1.1≒411**(kcal)

도그푸드로 환산하면

140g **전후가 표준량**이 된다.

이 수치를 기준으로 양을 조정하자.

조정 예 ① **트레이닝으로 간식을 준 날**

간식을 100(kcal) 줬다면 그만큼 빼서…
411-100=311(kcal)
밥은 100g 정도 담아준다

조정 예 ② **놀이로 녹초가 된 날**

장시간의 산책이나 격한 놀이로 녹초가 된 날은 위에 나오는 사역견의 '중간 정도의 노동'을 적용해서 계산한다.
'DER'=3×'DER'이므로
3×234(kcal)=702(kcal)
702(kcal)÷300(kcal)=2.3
평소의 100g 300kcal의 도그푸드라면 하루에 230g까지 줘도 된다.

건강 메소드 ❸

무리하지 않는 다이어트

엄격하게 관리하면 개의 체중은 바로 떨어진다. 하지만 급격한 체중 감소는 위험하다. 반려견의 컨디션을 체크하면서 천천히 진행하는 것이 좋다.

1단계마다 3개월씩 천천히 시간을 들이자

반려견의 식사는 반려인이 관리하므로 식사량을 떨어뜨려 체중을 줄이는 일은 간단하다. 하지만 체력이 약한 개 그중에서도 노견에게 급격한 다이어트는 위험하다. 건강을 위해서 다이어트를 하는 것인데 그로 인해 질병에 걸린다면 의미가 없다. 천천히 시간을 들여 무리하지 않는 다이어트를 진행하자.

여기에서 소개하는 것은 한 단계마다 3개월 정도 시간을 들인다. 또 컨디션이 무너졌을 때에는 무리하게 계속하지 말고 중단하도록 한다.

강요는 위험

노화 신호를 놓치지 말자!

운동량을 무리하게 늘리는 것은 위험하다. 산책을 다녀와서 움직이지 못할 정도로 녹초가 된다면 무리한 운동을 시키고 있다는 뜻이다. 왼쪽의 체크 포인트에서 복수의 항목이 들어맞는다면 운동량의 증가는 포기하고 2단계로 넘어가자.

CHECK POINT

- ☐ 뛰면 숨을 헐떡거린다.
- ☐ 산책 중에 다리가 꼬인다.
- ☐ 공놀이 도중에 쫓아가는 것을 그만두었다.
- ☐ 산책에서 돌아오면 녹초가 된다.
- ☐ 도그런에 가도 질주하지 않는다.

STEP 01 운동량을 조금 늘린다

제일 먼저 운동량을 조금 늘린다. 산책 시간을 10분 연장하거나, 당기기 놀이나 공놀이를 하는 것이다. 의식적으로 운동량을 올리는 한편으로 밥이나 간식의 양은 '지금까지와 동일'하게 유지한다.

노령견이라면… 편한 산책길을 선택하자

체중이 무거우면 무릎이나 관절에 부담이 간다. 산책은 가능한 평지가 좋다. 또 사람이나 차량이 적은 길이나 냄새를 맡을 수 있는 길(놀 수 있는 길)을 코스에 끼워 넣으면 오래할 수 있다.

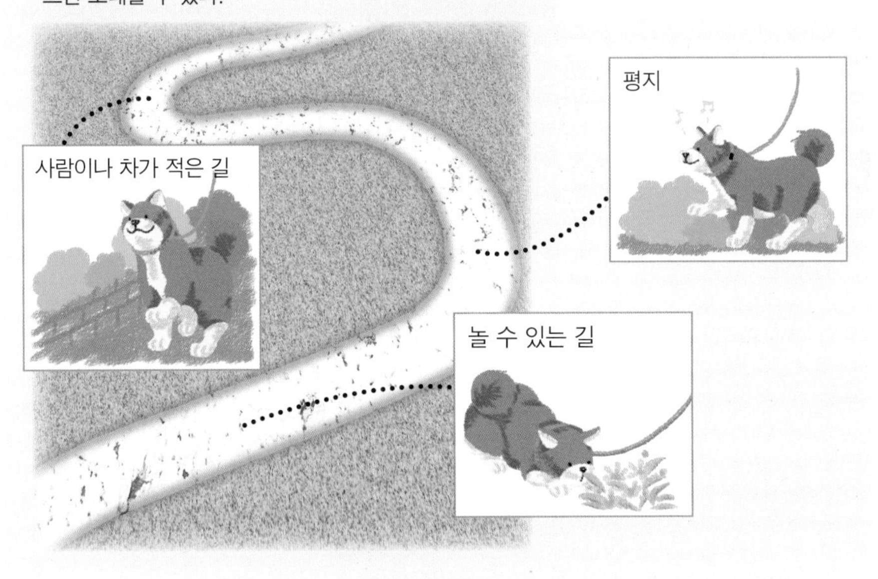

• 산책 시간은 10분 연장
• 당기기 놀이!
• 공놀이

STEP 02 간식 양을 줄인다

저키나 치즈 등 기호성도 칼로리도 높은 간식은 '스페셜'로 봉인. 간식의 등급을 떨어뜨려 준다. 식사용 건사료를 간식으로 주는 것도 좋은 방법이다.

STEP 03 밥의 양을 조금 줄인다

최종 단계에서 식사량을 조금 줄인다. 처음에는 약 10% 정도 줄인다. 줄이는 양은 조금씩. 어느 정도의 양을 목표로 할지는 칼로리를 계산(120쪽 참조)해보자.

급격한 다이어트는 위험!

푸들이나 포메라니안 등 피모가 덥수룩한 개는 실제 체형을 알기 어렵기 때문에 목욕시킬 때 잘 관찰하는 방법밖에 없다. 이때 주의할 점은 너무 뚱뚱한지가 아니라 너무 마르지 않았는지 하는 것이다. 털이 복술하면 심하게 말라도 좀처럼 발견하기가 어렵기 때문이다. 다이어트 때문에 위험한 상태가 된 것을 눈치채지 못한 케이스도 있으므로 잘 관찰해보자.

내 개의 뒷모습을 관찰해보자

일반적으로 노령견은 하반신부터 근육이 쇠약해진다. 정면에서 보면 늠름해 보이는 개도 의외로 하반신 근육은 가냘픈 케이스가 많다. 이럴 때 다이어트를 감행하면 점점 근육이 소실된다. 반려인은 자기 개를 앞에서만 보는 경향이 있다. 가끔은 뒤에서 관찰하여 뒷다리에 근육이 붙어 있는지를 확인하자.

반려인이 알아두어야 할 **약 먹이는 방법!**

병에 걸리면 약을 먹어야 낫는다. 약을 안 먹으려는 개라도 어떻게든 먹여야 하므로 다양한 방법을 익히는 수밖에 없다. 가능한 스트레스를 느끼지 않는 방법을 선택하자.

◆ 동물병원에서 처방하는 약의 종류와 먹이는 방법 ◆

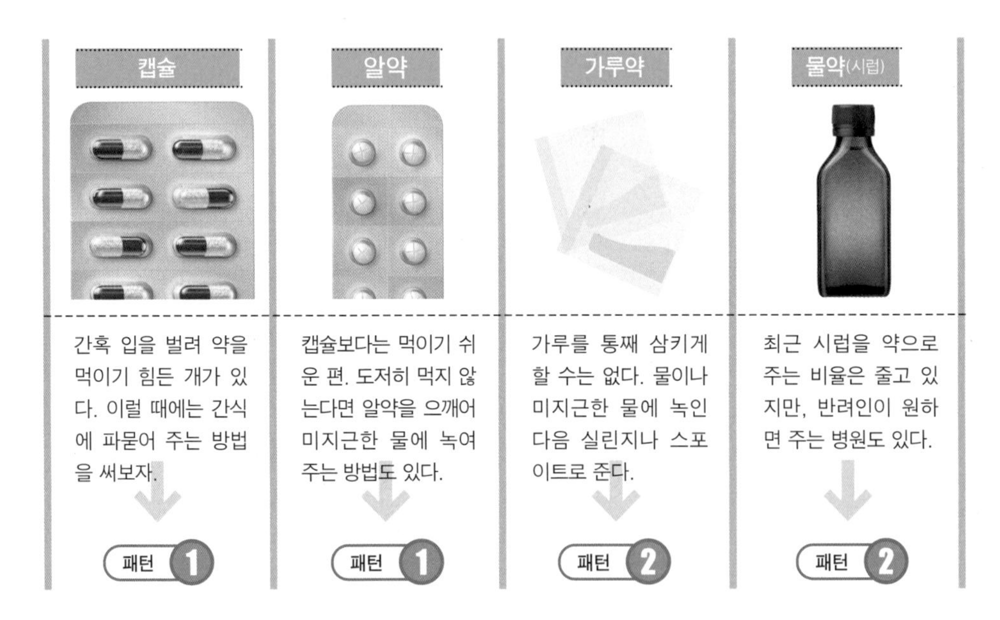

캡슐	알약	가루약	물약(시럽)
간혹 입을 벌려 약을 먹이기 힘든 개가 있다. 이럴 때에는 간식에 파묻어 주는 방법을 써보자.	캡슐보다는 먹이기 쉬운 편. 도저히 먹지 않는다면 알약을 으깨어 미지근한 물에 녹여 주는 방법도 있다.	가루를 통째 삼키게 할 수는 없다. 물이나 미지근한 물에 녹인 다음 실린지나 스포이트로 준다.	최근 시럽을 약으로 주는 비율은 줄고 있지만, 반려인이 원하면 주는 병원도 있다.
패턴 1	패턴 1	패턴 2	패턴 2

패턴 1 입을 벌려서 먹인다

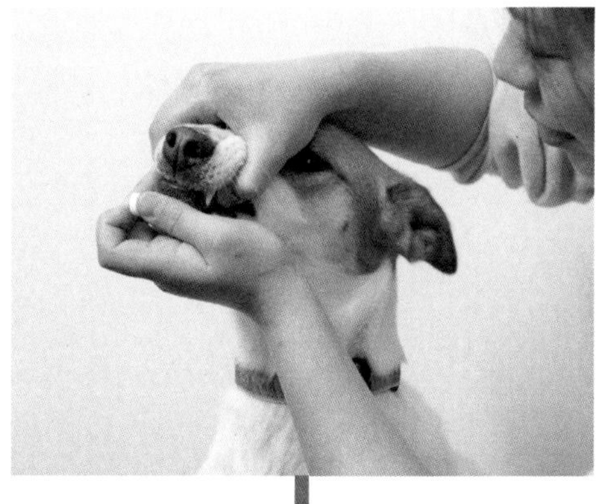

왼손으로 알약(또는 캡슐)을 들고 오른손으로 반려견의 윗턱을 잡는다

'앉아' 상태에서 스타트. 먼저 반려견의 아래턱을 왼손으로 살짝 잡고 고정시킨다. 그리고 사진과 같이 오른손으로 윗턱을 살짝 잡아 올린다.

엄지와 중지를 개의 송곳니 밑으로 집어넣고 천천히 들어올린다

엄지와 검지로 입을 벌리는데, 반려견이 싫어한다면 중단한다. 양치질(84쪽 참조)을 하여 입에 들어오는 손에 익숙해지게 한 다음 재도전해보자.

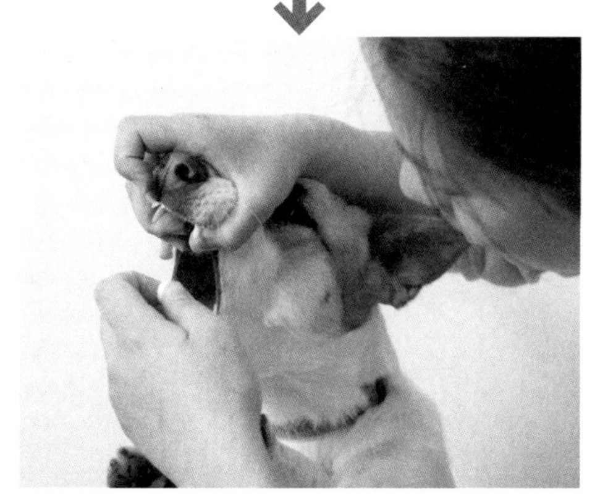

오른손으로 입을 벌리고 왼손으로 입안 깊숙이 넣는다

사진처럼 입을 벌린 후에 왼손으로 약을 넣는다. 혀 위에 놓으면 바로 토해버리므로 가능한 안쪽 깊숙이 넣자. 손을 뗀 순간 삼킬 것이다.

패턴 2 입을 벌려서 먹인다

① 가루약을 용기에 담는다

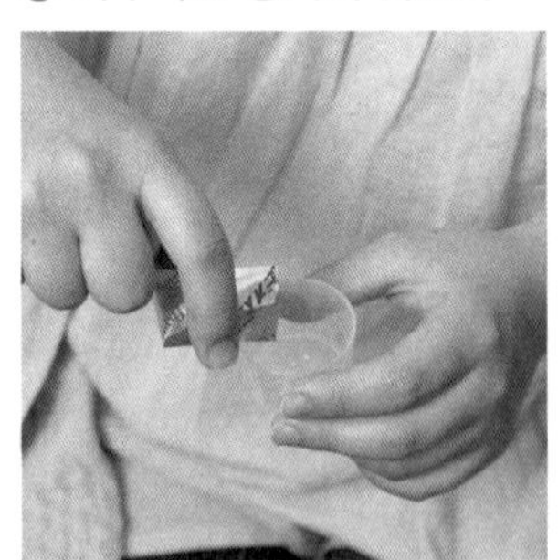

② 실린지로 물을 넣는다

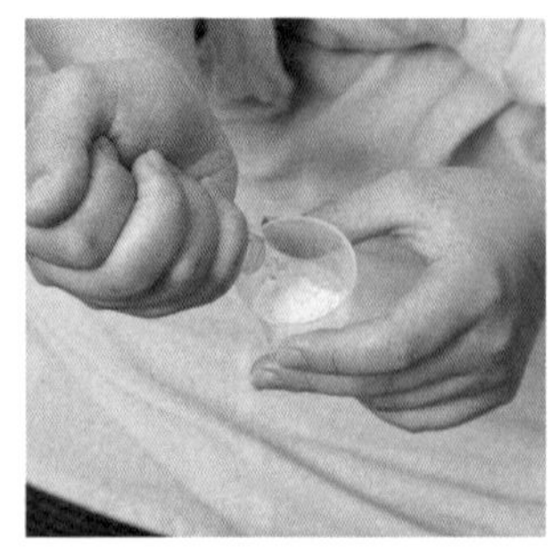

③ 저어서 잘 녹인다

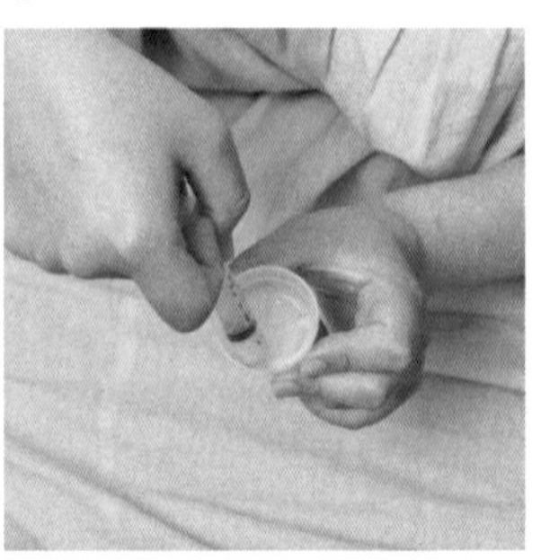

먼저 실린지(바늘이 없는 주사기)를 준비한다. ①~③의 순서로 가루약을 용기(종이컵도 가능)에 넣고 물이나 미지근한 물에 녹인다. 적량의 물을 실린지에 담아 용기의 약에 사진처럼 부어 섞는다. 섞인 용액을 실린지에 다시 담아 ④와 같이 입 끝에 조금씩 흘려넣는다.

④ 입 끝에 흘려넣는다

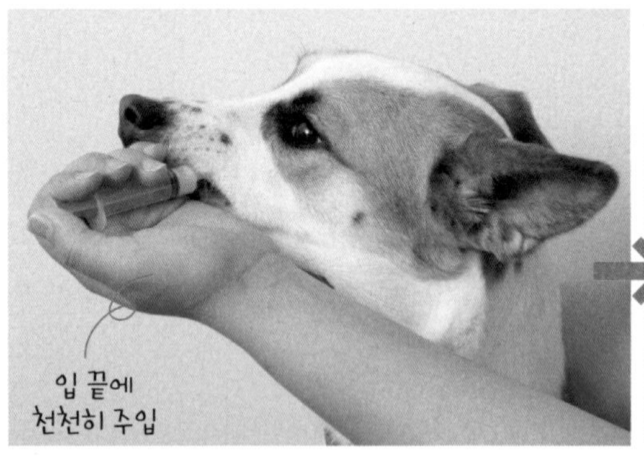

스포이트도 같은 요령으로 OK!

스포이트를 사용할 때에도 요령은 같다. 물약(시럽)을 먹일 때에도 입 끝 쪽에 넣으면 된다!

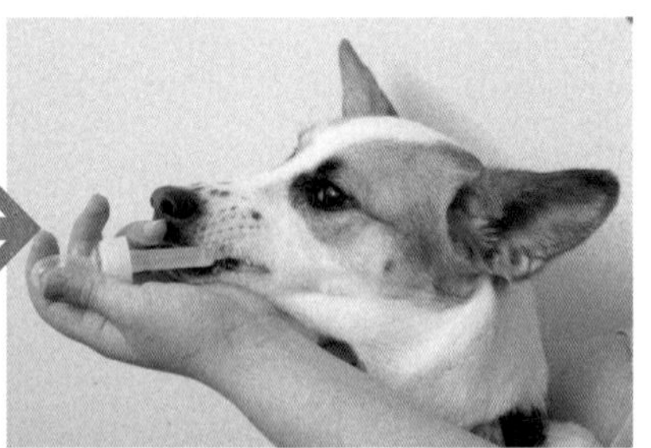

스포이트와 실린지는 인터넷으로 구입 가능

양쪽 다 인터넷이나 동물병원에서 구입할 수 있다.

용기가 달린 스포이트(오른쪽)와 실린지(왼쪽)

점안

안약을 넣는 방법도 배워보자

점안액은 익숙해지면 간단하다. 점안액은 개의 눈에 직접 떨어뜨리지 말고 눈 안쪽에 몇 방울 떨어뜨리면 자연스럽게 번진다.

위에서 눈 안쪽에 걸쳐 떨어뜨린다

정면에서 눈동자를 향해 넣는다

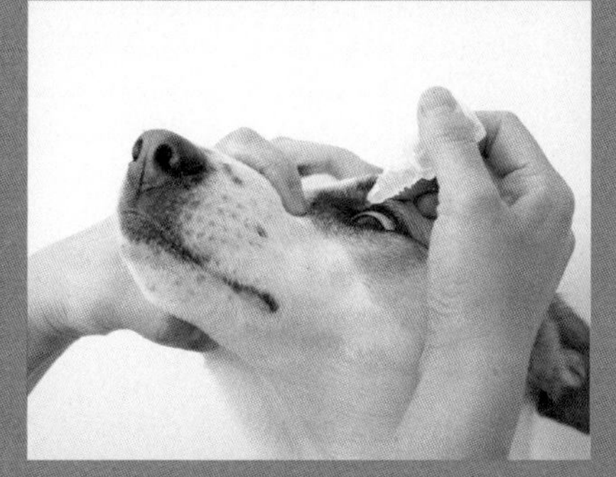

왼손으로 개의 머즐을 살짝 잡고 오른손을 개의 이마에 대고 점안액을 떨어뜨린다.

정면에서 넣으려다가 개가 움직이면 끝 부분에 눈이 다칠 수도 있다.

약을 먹이는 세 가지 방법

알약을 으깬다

알약을 먹지 않는다면 포크 등으로 잘게 으깨어 물에 녹여 실린지나 스포이트로 먹인다.

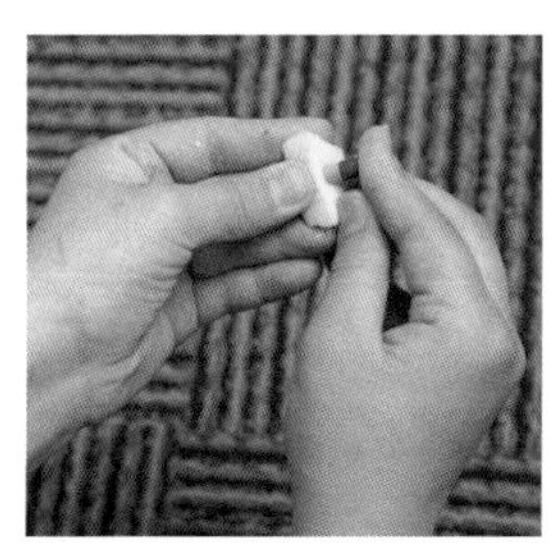

간식 등에 캡슐을 묻어서 준다

좋아하는 치즈 등에 캡슐째 묻어서 주는 방법도 있다. 칼로리에는 주의해야 한다.

보조제를 사용한다

기호성 높은 저칼로리 보조제와 함께 먹이는 방법도 있다. 반려견이 좋아하는 맛을 찾아보자.

간단하게 만든 히트팩으로 몸의 통증을 완화시킨다

몸을 따뜻하게 하면 환부의 혈행이 좋아진다.

노견은 허리와 다리의 관절 통증 때문에 걷기를 싫어할 때가 있다. 이 통증들은 몸이 차가우면 더 심해지기도 한다. 환부를 따뜻하게 하면 혈행이 좋아져서 통증이 완화되기도 한다.

그런 노견에게 추천하는 것이 '히트팩'을 이용한 온열치료법이다. 가정에 있는 재료로 간단히 만들 수 있으므로 꼭 시도해보자.

단 피부에 염증 같은 것이 생길 때에는 가려움 등의 증상이 악화될 수 있으므로 중지한다.

허리와 관절 등 통증이 있는 곳을 따뜻하게 하자!

통증 부위의 혈행을 촉진시키기 위해서는 따뜻한 수건을 이용하는 온습포 방법도 있지만 여기에서는 취급도 간단하고 따뜻함도 오래 유지하는 히트팩을 소개한다. 허리나 관절 등에 히트팩을 대고 통증을 완화시켜주자.

히트팩을 대는 부위

히트팩 만드는 방법

1 두툼한 수건과 밀봉이 가능한 전자레인지용 비닐팩을 준비. 일단 수건을 물에 흠뻑 적신다.

2 수건을 비닐팩에 넣고 공기를 뺀 후에 입구를 닫는다. 수건이 따뜻해질 때까지 전자레인지에 가열한다.

3 충분히 따뜻해졌다면 완성이다. 비닐봉투의 표면이 지나치게 뜨겁다면 수건 등으로 감싸서 사용한다.

※ 히트팩을 다룰 때에는 과열이나 화상에 주의해야 한다.

part 4

내 강아지의 뇌와 몸의 젊음 유지!

건강해지는 환경 조성과 생활방식

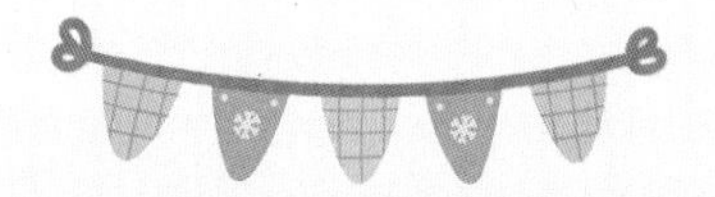

노견이 되면 집에서 지내는 시간이 길어진다.
노화가 더 진행되기 전에 주거환경을 재고하자.
이 장에서는 뇌와 몸의 노화를 예방하는 방법이나
운동 방법, 간호 방법도 아울러 설명하고 있다.

실내에서 지내는 일이 많아지니까….

반려견의 기분을 고려하여 '쾌적한 생활'을 실현하자

나이를 먹으면 쇠약해진다. 체력이 약해지면 불안한 기분이 들고 반려인이나 가족과 함께 지내고 싶어 한다. 노령견의 불안한 마음을 고려하여 쾌적한 환경을 만들어가자.

가족들 곁에 있고 싶어 하는 마음을 존중하자

'노견이니까 밖에 나갈 필요는 없다'라는 생각은 잘못됐다. 하지만 노화로 허리와 다리가 약해져 혼자 힘으로 일어서지 못하게 되면 집안에서 보내는 시간이 길어지는 것도 사실이다.

고령화가 진행되면 개의 마음도 약해질 수밖에 없다. 그래서 가족을 갈구하는 마음이 강해지고 가족이 곁에 있어주기를 바라게 된다. 그런 심리적 변화를 배려하여 가족이 보이는 안심할 수 있는 장소를 확보하자. 또 뜻밖의 사고가 생기지 않도록 안전대책도 고려해야 하는 만큼 현재의 주거환경을 다시 한 번 돌아보자.

노화로 시력이 저하되면 책상이나 테이블 모서리에 부딪쳐 멍이 들기도 한다.

제 마음을 알아주세요.

노견에 대한 반려인의 착각 베스트 5

노령견이라고 배려한 것이 오히려 역효과! 흔하디흔한 착각을 소개한다.

반려인은…	하지만 반려견의 실제 마음은…?
1 푹 잘 수 있도록 잠자리를 조용한 곳으로 옮겼다.	**1 혼자 자는 건 외로워요.** 조용한 장소=사람이 없는 장소. 인기척이 없는 장소에 뚝 떨어뜨려 놓는 것은 NG. 낮에는 가족의 목소리가 들리는 장소에서 재우자.
2 산책을 힘들어 하는 것 같아서 외출 횟수를 줄였다.	**2 좀 더 자주 밖에 나가고 싶어요.** 다리나 고관절이 아플 때 움직이고 싶어 하지 않는 것은 당연하다. 하지만 밖에 나가고 싶지 않은 것은 아니다. 상태를 살펴가며 가능한 외출하자.
3 스트레스를 받으면 좋지 않으니까 다른 개와 놀지 못하게 했다.	**3 다른 개와 놀고 싶어요.** 놀고 싶은지 놀고 싶지 않은지는 개에 따라 다르다. '노견=놀 의욕이 없다'라고 정해놓지 않도록 하자.
4 몸을 만지면 싫어하니까 혼자서 지내는 시간을 늘려주었다.	**4 좀 더 상대해주세요.** 몸을 만지지 않기를 바라는 것은 아픈 곳이 있어서일 수도 있다. '싫어한다면 내버려둬야지'라고 생각하지 말고 잘 살펴보자.
5 오줌을 지려서 일찍부터 기저귀를 채웠다.	**5 아직 괜찮은데….** 가끔 소변을 지리기도 하겠지만 정말 기저귀가 필요한 상태인지 주의 깊게 살펴보자.

반려견의 공간을 확보하자!

켄넬이나 개 침대 등 안심할 수 있는 장소는 여러 곳일수록 좋다. 일어서지 못한다면 저반발 매트를 준비하자.

장소 ①

켄넬을 사용할 때

가족이 항상 이용하는 거실 한구석에 배치하는 것이 좋다. 아무도 출입하지 않는 방에 두면 불안해한다.

장소 ②

개 전용 침대를 사용할 때

거실에 켄넬을 두었다면 개 전용 침대는 복도 구석 등 조금 떨어진 곳에. 물론 반대로 놔도 상관없다.

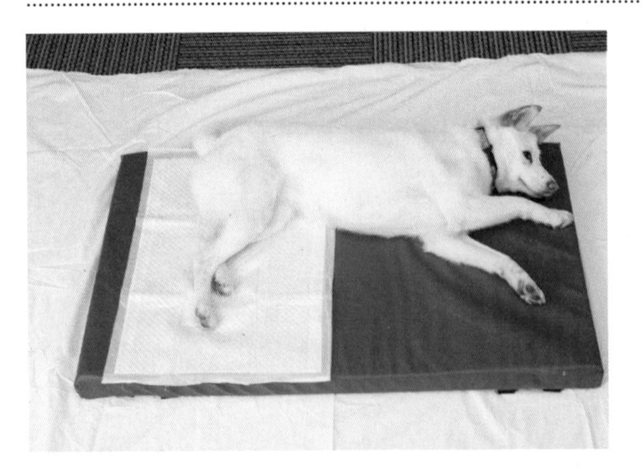

움직이지 못한다면? 저반발 매트

누워서 지내는 시간이 길어진다면 통기성이 좋은 저반발 매트를 구입한다. 가족의 목소리가 들리는 곳에 두는 것이 좋다.

방의 구조를 바꾸야 한다면… 조금씩

노령견은 갑자기 구조를 바꾸거나 하면 불안해하며 심하게 스트레스를 받는 개도 있으므로 주의하자. 방의 구조를 바꿔야 한다면 매일 조금씩 배치를 바꾸어 익숙하게 한다.

소변을 지리게 됐다면 아로마 오일로 냄새를 퇴치하자!

방에서 소변을 보다 보면 냄새가 배기 쉽다. 환기를 충분히 시키는 동시에 소취제나 아로마 오일을 사용한다. 아로마 향에 기분이 누그러질 것이다.

* 반려견에게 좋은 아로마 오일을 선택해야 한다.

실내견을
위해 실내를
재점검

기초지식 ② 노령견을 위한 환경 조성

쾌적한 환경에서
기분 좋게 보낼 수 있도록 하자

쾌적하게 보낼 수 있는지? 위험한 장소는 없는지? 다시 한 번 반려견의 입장에서 주거환경을 점검해보자. 과잉보호를 할 필요는 없지만 노령견에게 쾌적한 환경을 제공해주는 것이 반려인의 역할이다.

노화의 정도는 다르지만 얼마 남지 않았으니 대비를!

집 전체를 개방하는 대공사를 생각할 필요는 없다. 가능한 범위에서 쾌적하고 안전하게 지낼 수 있는 방법을 연구하자. 노화에 동반되는 몸의 상태가 나빠지는 것은 어쩔 수 없는 일이다. 다리와 허리가 약해지고 체온조절이 잘 되지 않고 시력이나 청력이 떨어지는 등 개마다 나빠지는 포인트나 순서는 다르지만 언젠가는 전부 대처해야 할 사항이라고 생각하고 지금부터 대비하는 것이 좋다.

에어컨으로 적당한 실온과 습도를 유지한다

노화로 온도나 습도의 변화에 대응하기 어려워지기 때문에 에어컨으로 쾌적한 상태를 유지해주자. 또 여름에는 몸을 식혀주는 쿨매트, 겨울에는 따뜻한 담요 등 체온조절을 보조하는 용품도 준비하자.

에어컨 바람이 직접
몸에 닿지 않게 주의

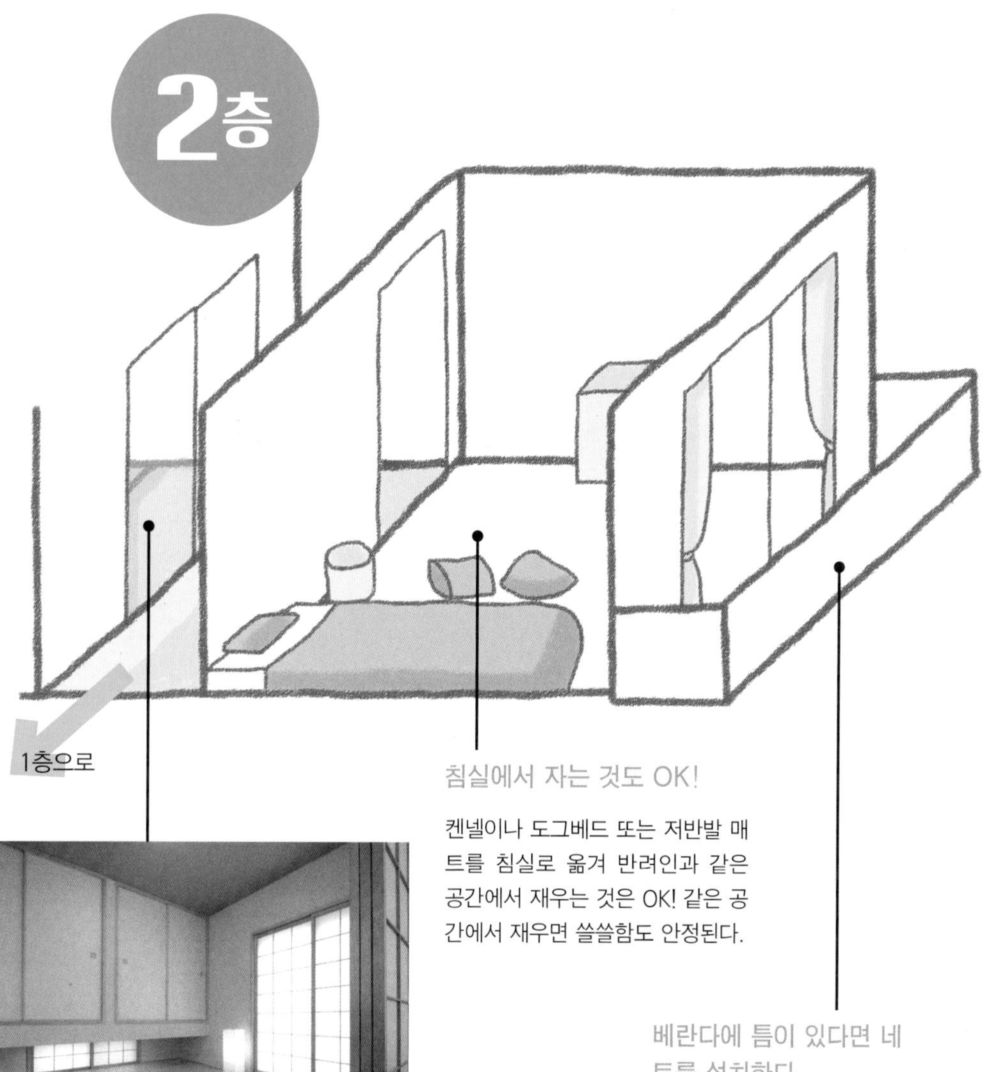

침실에서 자는 것도 OK!

켄넬이나 도그베드 또는 저반발 매트를 침실로 옮겨 반려인과 같은 공간에서 재우는 것은 OK! 같은 공간에서 재우면 쓸쓸함도 안정된다.

베란다에 틈이 있다면 네트를 설치한다

베란다가 있는 2층 이상의 주택은 추락사고에 주의. 추락할 가능성이 있는 틈에는 네트망을 설치한다.

발톱이 걸릴 만한 방에는 들이지 않도록 한다

발톱이 걸리기 때문에 반려견에게 위험할 수 있고 방도 훼손될 수 있으니 들이고 싶다면 카펫을 깔아주고 그래도 파손은 각오해야 한다.

마루에 주의! 미끄러지기 쉬우므로 카펫 등을 깐다

다리나 허리의 질환으로 이어지기 쉬운 것이 마룻바닥의 미끄럼 사고이다. 미끄러질 때 버티지 못해서 관절이 다치기 때문이다. 바닥에 러그나 타일 카펫, 코르크 카펫 등을 깔아 사고를 예방하자.

화장실로 이어지는 문은 열어둔다

실내에서 볼일을 보는 습관을 들인다

산책 중에만 배설하는 반려견이라면 실내에서 배설하는 습관을 들이는 것이 좋다. 필요하다면 다시 화장실 훈련을 시키도록 한다(40쪽 참조).

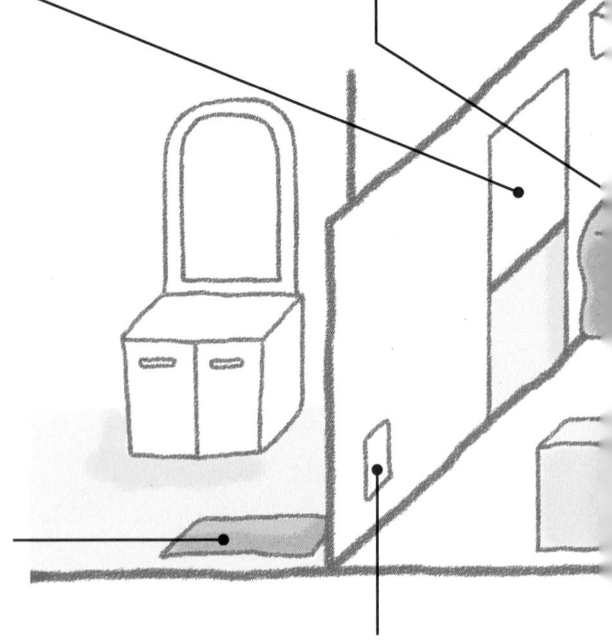

소변을 지린다면 전기콘센트에는 커버를

소변 실수 빈도가 높다면 기저귀를 입힌다. 감전 위험이 있으므로 배변판 주변의 콘센트에는 커버를 씌워준다.

켄넬은 방의 한쪽 구석 등 조용한 곳에 놓는다

텔레비전 앞은 피하고 거실 한쪽에 놓도록 한다. 보통 인기척이 있는 곳에서 안정을 취하는 개가 더 많은 것 같다.

계단을 이용할 때는 미끄럼 방지를!

계단이 마루라면 미끄럼 방지용 매트를 깔아 대비하자. 그래도 추락할 위험이 있다면 계단 이용을 금지한다.

2층으로

가구에 부딪친다면 이불이나 박스로 커버한다

시력이 약해져 가구나 테이블 모서리에 몸을 부딪친다면 이불, 박스, 완충재 등으로 모서리를 덮는다.

켄넬 외에 도그베드를 둔다

켄넬이 있어도 도그베드를 준비해둔다. 공간적 여유가 있다면 켄넬이 없는 다른 방에 놓는 것도 좋다.

2층을 금지구역으로 하고 싶다면 울타리를 설치한다

계단이나 개에게 위험한 것이 있는 구역은 통행하지 못하게 한다. 시판 베이비울타리 등을 이용하면 반려견이 진입하지 못한다.

안정만 취한다고 OK일 리가 없다.

기초지식 ③ 노령견의 멘탈 관리

반려견의 뇌를 자극하여
늙지 않는 방법을 찾아보자

사람이나 개나 나이가 들면 평온하게 지내고 싶어 한다. 하지만 '자극 제로'인 상태는 지루하다. 적당한 자극이 없다면 쉽게 늙어버린다. 자극을 주어 뇌를 활성화시키고 젊음을 유지하는 방법을 모색하자.

적당한 자극은 젊음의 원동력이 된다

노령견은 차분하게 지내면 된다고 생각하지는 않는지? 쾌적한 환경에서 지내는 것은 중요하지만 단조롭고 지루한 일상의 반복은 노화를 촉진한다. 따라서 체력이 약해졌다고 해도 계속 뇌에 적당한 자극을 주는 것이 중요하다.

뇌가 자극을 받으면 혈액순환이 좋아지고 호르몬 분비가 활발해지기도 한다. 기분이 고양되면 몸을 움직일 의욕이 샘솟으면서 자연스럽게 운동량이 늘어난다. 과도한 자극을 주면 역효과가 생기지만 적당한 자극은 젊음을 유지하는 원동력이 된다. 반려견이 무리하지 않는 선에서 지속적인 자극을 주자.

반려견의 취미를 찾아서 함께 즐겨보자.

사람과 마찬가지로 개의 취향도 각양각색이다. 나이를 먹어 다른 것에 흥미를 갖지 않는 노견도 좋아하던 것이라면 적극적으로 움직이는 케이스가 많다고 한다. 반려견의 취미에 맞춰 뇌를 활성화시키자. 예전 감각이 되살아난다면 노화를 예방할 수 있을 것이다.

취미의 예

① 땅에 구멍을 판다.
② 냄새를 맡으며 돌아다닌다.
③ 다른 동물과 교류.
④ 물웅덩이에서 물장난을 친다.
⑤ 음악 감상

나의 강아지는 어떨습니까?

개에게도 치매증상이 나타난다. 뇌가 노화되면서 이상한 행동을 하지 않는지 체크해보자. 만약 신경 쓰이는 항목이 있다면 수의사에게 상담하자!

뇌의 노화도 체크

- ☐ **밤낮이 바뀌었다.**
  낮에는 축 늘어져 있다가 밤에는 눈이 말똥말똥해진다면 주의해야 한다. 밤낮이 바뀌었다면 치매일 우려가 있다.
- ☐ **많이 먹지만 설사는 하지 않는다.**
  식욕이 왕성한데도 설사를 하지 않는다면 주의해야 한다. 치매로 인한 식욕이상은 설사를 동반하지 않는다.
- ☐ **방향 전환을 잘 하지 못한다.**
  좁은 곳에 들어가 움직이지 못하거나 빙글빙글 원을 그리듯이 보행하는 행동은 주의요망.
- ☐ **울음소리가 평탄하고 큰 소리를 낸다.**
  억양이 없는 평탄한 울음소리를 낼 때에는 주의. 이유도 없이 갑자기 울기 시작할 때에도 주의 요망.
- ☐ **사람이나 동물에 대한 반응이 느리다.**
  사람이나 동물에게 반응하지 않는다. 반려인에 대한 반응이 둔해졌을 때에도 주의해야 한다.
- ☐ **훈련받은 내용을 잊었다.**
  부분적으로 까먹는 것은 괜찮지만 아무것도 기억하지 못하는 상태라면 의심된다.

개의 뇌를 활성화시키는 4 가지 방법

1

새로운 개를 입양한다

젊은 개와 접촉하면서 자극을 받으면 뇌가 활성화된다. 여건이 된다면 한 마리 더 기를 것을 검토해 보자. 일반적으로 궁합이 잘 맞는 조합은 오른쪽 표와 같다.

기존 개와 신입 개가 사이좋은 조합은?
① 나이차 6~8세
② 다른 견종
③ 다른 성별

2 반려견에게 말을 건다

말뜻을 이해하지 못해도 상관없다. '밥이다' '산책 갈까?' 등 적극적으로 말을 걸어보자. 예전에 연습했던 '앉아' 등의 코멘트를 시도해보는 것도 좋다.

3 평소의 습관을 바꾼다

산책 코스를 바꾼다, 항상 급여하던 식단을 바꾼다, 새로운 장난감으로 놀아준다 등 습관화된 것을 바꾸는 노력을 해보자. 반려견이 '어? 평소와 다른데?'라고 느낀다면 뇌가 활성화되는 자극으로 이어질 것이다.

4 적극적인 스킨십

스킨십은 좋은 자극이 되는 만큼 적극적으로 몸을 만지려는 자세가 필요하다. 단 몸에 통증이 있다면 무리하지 않도록 한다.

노령견을 위한 새로운 습관 ❶

일상의 산책

노화는 다리부터 시작된다. 걷지 못하게 되면 근력이 쇠하기 때문에 젊음을 유지하기가 어려워진다. 조금이라도 산책을 더 오래 할 수 있도록 신경 쓰자.

걷는 근육을 유지하면 오래도록 건강하게 지낼 수 있다

피곤한 몸에 채찍질을 해서 산책을 강요할 필요는 없지만 걸을 수 있는 동안에는 가능한 걷게 하자. 예를 들어 단시간이라도 계속 걷다 보면 근력을 유지할 수 있다. 일단 소실된 근육은 다시 붙기 어려운 만큼 산책을 중단하지 말고 가능한 현재 상태를 오래 유지하려는 노력을 해야 한다.

또 장시간 걷는 대신 걷는 패턴을 바꿔 효과적으로 근력을 유지하는 방법도 있다. 할 수 있는 것부터 시도해보자.

계속 걷게 할 필요는 없다. 피곤해하면 물을 먹이고 쉬게 한다.

근력 유지에 도움이 되는 시니어 워킹 4가지 아이디어

매일 하는 산책 중에 해볼 수 있는 다른 걸음걸이를 소개한다. 평소의 산책과는 다른 근육을 단련할 수가 있다. 4가지 방법 모두를 하려고 애쓸 필요는 없다. 무리하지 않는 선에서 도전해보자.

1 지그재그 워킹

공원 입구에 있는 주차장 등을 이용해서 지그재그로 걸어보자. 급하게 꺾으면 근육이나 관절이 다칠 수 있으므로 큰 커브를 그리며 꺾는다.

2 스피드 업

산책 중에 조금 빠른 걸음으로 걸어보자. 걸음에 완급을 주면 즐겁게 걸을 수 있다. 숨이 찰 정도로 질주할 필요는 없다.

3 스피드 다운

2와는 반대로 가능한 슬로페이스로 걸어보자. 멈춰 서지 말고 슬로모션을 하듯이 걷기는 의외로 어렵다.

4 천천히 계단 걷기

낮은 계단이라면 오르내리더라도 관절에 부담이 가지 않는다. 천천히 오르내리기를 하면 다리 근육을 단련시킬 수 있다.

노령견을 위한 산책 요령

노령견이 되면 젊을 때처럼 적극적으로 걸을 수가 없다. 3가지 산책의 요령을 염두에 두고 걸어보자.

① 워밍업을 한다

밖에 나가기 전에 실내에서 가볍게 걸으면서 워밍업을 한다. 갑자기 움직이다가 뜻밖의 부상을 입을 수도 있으므로 미리 몸을 움직여 따뜻해진 후에 걷는 것이 좋다.

② 수분을 자주 보충한다

나가기 전에 물을 먹이는 습관을 들인다. 수분 보충은 가능한 자주하다. 물이 담긴 펫보틀과 용기를 휴대하여 산책 도중에 쉬면서 먹이는 것이 바람직하다.

③ 중간에 휴식을 취한다

산책 거리에 따라 다르지만 반드시 한 차례 이상 휴식시간을 갖는 배려가 필요하다. 개가 지치기 전에 쉬어야 한다. 녹초가 된 후에는 늦으므로 미리 브레이크타임을 가질 수 있도록 시간을 안배하자.

산책코스를 연구하자

노령견은 매일 기운이 충만하지는 않다. 당일 컨디션이나 날씨에 맞게 산책코스를 구분해 이용하자.

① 계절이나 컨디션에 맞춰 산책코스를 변경한다

5분 + 10분 = 15분

5분 + 15분 = 20분

10분 + 15분 = 25분

집을 중심으로 5분, 10분, 15분 코스를 만든다. 이 세 코스를 조합해서 시간을 조절한다.

② 가끔씩 반대로 걸어본다

같은 코스라도 반대로 걸어가면 다른 코스를 걷는 것처럼 느낄 수 있다. 이따금 반대로 걸어 신선한 기분을 맛보자.

걷지 못하게 됐다면 잘 서포트해주자

노견이 되면 걷기가 힘들어진다. 지금까지와 마찬가지로 걷지 못하게 되더라도 가능한 노력해보자. 하네스나 워킹벨트를 사용하면 걸을 수 있을지도 모른다. 포기하지 말고 노력하자.

앞다리가 약해서 잘 넘어지는 개라면…
↓
하네스 P.164

세우면 걸을 수 있다면…
↓
간호용 워킹벨트 P.166

다리를 끌면서 걷는다면…
↓
양말 P.169

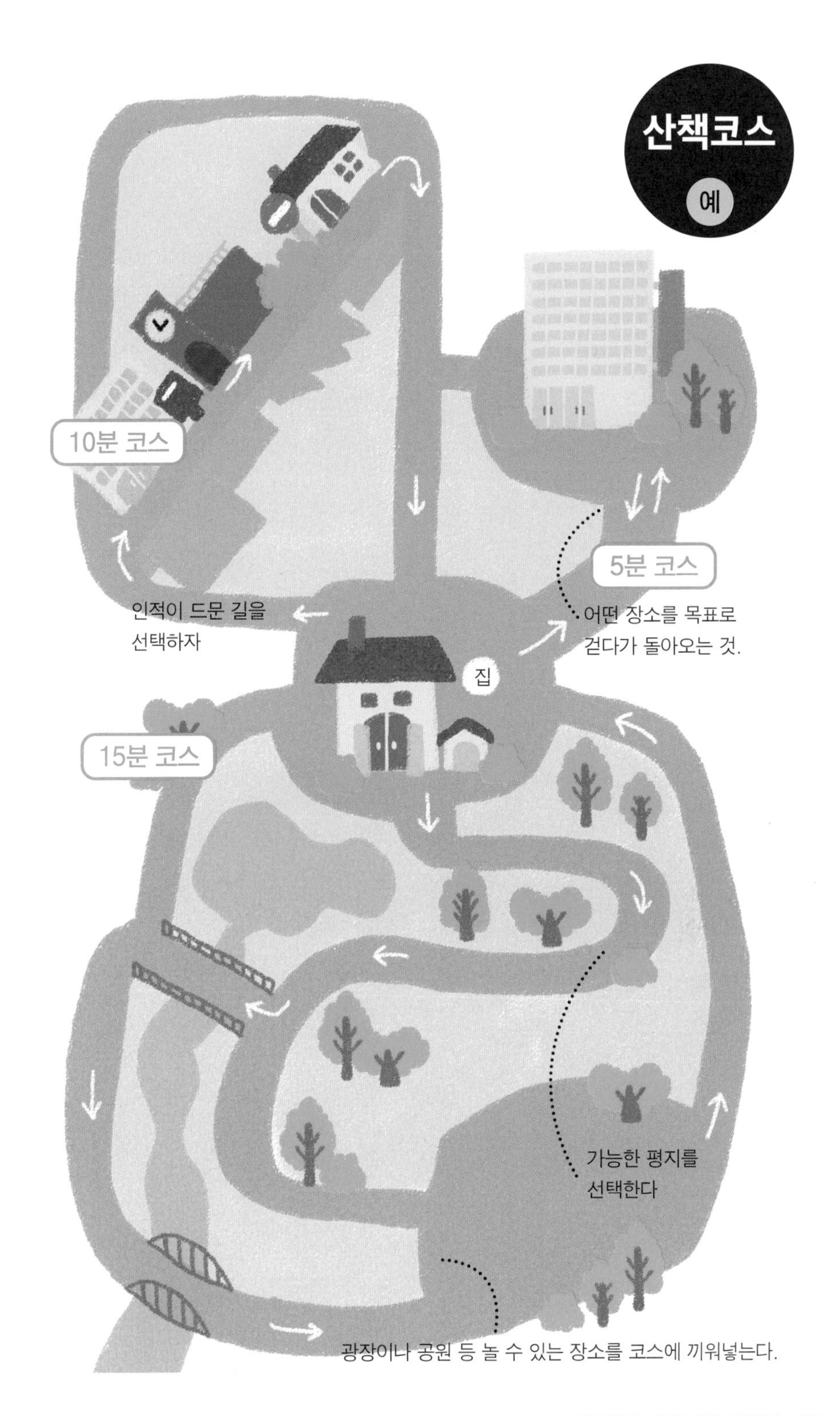
산책코스
예
10분 코스
5분 코스
인적이 드문 길을
선택하자
어떤 장소를 목표로
걷다가 돌아오는 것.
집
15분 코스
가능한 평지를
선택한다
광장이나 공원 등 놀 수 있는 장소를 코스에 끼워넣는다.

노령견을 위한 새로운 습관 ❷

실내에서의 놀이

사랑하는 가족이 놀아준다면 반려견은 기뻐할 것이다. '노견이니까 의욕이 없다'라고 판단하지 말고 다양한 놀이를 권해보자.

놀이 1

어느 쪽에 있게?

반려견의 눈앞에서 간식을 감추고 어느 쪽 손에 들어 있는지 맞추게 한다

맛있는 간식을 반려견에게 보여주고 어느 쪽 손에 들어 있는지를 맞추게 하는 게임. 반려견이 꼭 쥔 손에 코끝을 대면 손을 펼쳐서 보여준다. 잘 하는 것 같다면 감추는 속도를 빨리 해서 다시 한 번 시도해보자.

1 한 손에 간식을 쥐고 개에게 보여준다

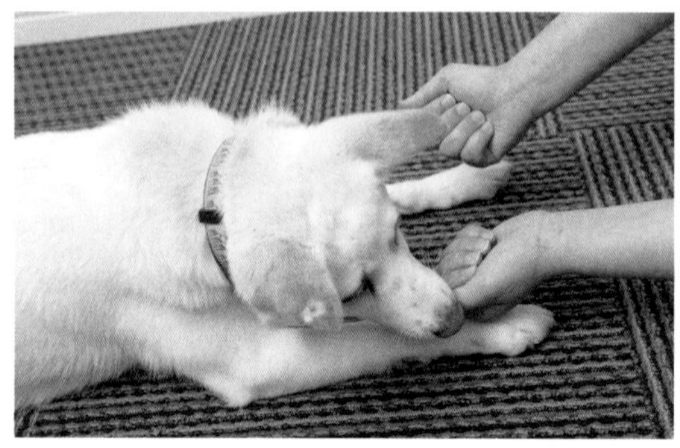

2 양손을 움켜쥐고 냄새를 맡게 한다

3 개가 맞는 답을 골랐다면 칭찬으로 간식을 준다

놀다 보면 마음이 젊어진다!

산책만이 젊음을 유지할 수 있는 방법은 아니다. 반려인과 함께 하는 놀이 시간도 못지않게 중요하다. 몸을 움직이거나 머리를 쓰다 보면 뇌가 활성화되고 마음이 젊어진다. '이제 나이가 들었으니까' '젊지 않으니까'라는 생각으로 포기하지 말고 다양한 놀이로 재도전해보자. 처음에는 흥미를 나타내지 않더라도 반려인과 놀다 보면 감각이 되살아나기도 한다. 계기가 생긴다면 다시 옛날처럼 즐겁게 놀 수도 있을 것이다.

놀이 2

숨바꼭질

처음에는 보여도 OK. 조금씩 난이도를 높이자

소파나 문 뒤에 숨어서 이름을 부른다. 목소리를 듣고 있는 곳을 발견하고 반려견이 다가오면 칭찬해준다. 처음에는 반려인의 모습이 잘 보이는 상태로 숨는다. 익숙해지면 완전히 모습을 감추고 시도해보자.

1 소파 뒤에 숨어서 이름을 부른다

2 발견하고 다가오면 칭찬해준다

(간식을 줘도 된다)

놀이 3

야바위 놀이

종이컵에 간식을 넣고 냄새로 맞추게 한다

종이컵을 3개 준비한다. 순서는 놀이 1 과 같다. 개의 앞에서 컵에 간식을 감추고 냄새로 맞추게 한다. 직접 냄새를 맡지 못하기 때문에 난이도는 이쪽이 더 높다. 잘 할 수 있게 되면 섞어보자.

1 맛있는 간식을 준비해서 냄새를 맡게 한다.

2 눈앞에서 간식을 넣고 냄새를 찾게 한다.

3 맞추면 간식을 먹게 한다.

4 잘 할 수 있게 되면 종이컵을 섞는다.

놀이 4

당기기 놀이

밧줄을 불규칙하게 움직여 사냥 본능을 자극하자

밧줄장난감을 불규칙하게 움직여 사냥 본능을 유도한다. 입에 물면 살짝 당긴다. 움직임을 멈추고 뱉어내기를 기다린다. 여기까지가 한 세트. 몇 세트를 하는지는 개의 체력에 달렸다.

밧줄 장난감을 움직여 유도한다
⇩
물면 밧줄을 움직인다
⇩
당긴다
⇩
밧줄의 움직임을 멈추고 기다린다
⇩
개가 밧줄을 뱉어낸다.

'당기기 놀이' 한 세트

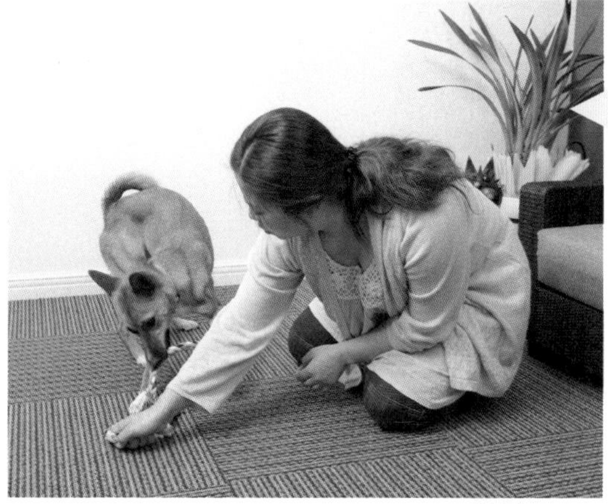

(소형견일 때)

무릎을 꿇고 밧줄을 바닥에서 구불구불 끌면서 유도한다

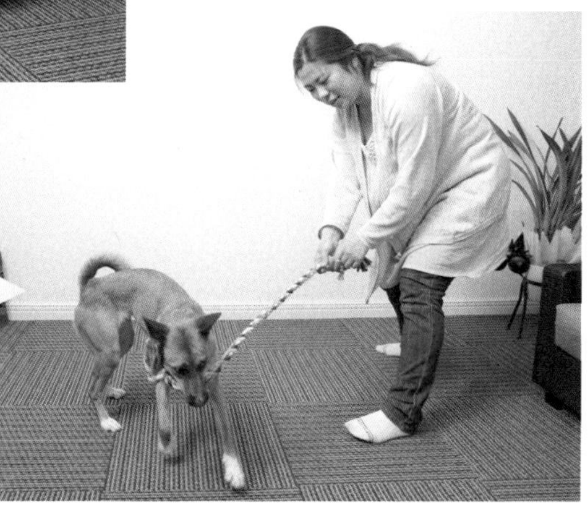

(중 · 대형견일 때)

일어선 상태에서 양손으로 밧줄을 잡고 좌우로 움직이면서 속도를 올린다.

놀이 5

풋점프

반려인의 다리가 장애물이다. 좌우로 움직이면서 뛰어넘는다

먼저 반려인은 바닥에 다리를 벌리고 앉는다. 두 다리를 장애물로 세우고 아래의 사진처럼 좌우로 이동하면서 넘게 한다. 처음에는 간식을 쥔 손으로 유도한다. 간식 없이 수신호만으로도 할 수 있게 될 때까지 연습하자.

1 다리를 벌리고 앉아 간식을 쥔 손으로 유도한다.

2 반려인의 오른쪽 다리를 넘으면 간식을 왼쪽으로 움직인다.

3 몸의 방향을 휙 바꾸도록 유도한다.

4 간식을 먹게 하면서 다음에는 왼쪽에서 오른쪽으로 움직이도록 유도한다.

놀이 6

풋게이트

다리 밑으로 엎드린 채 전진하도록 간식으로 유도

이번에는 무릎 아래로 엎드린 채 전진하도록 유도한다. 먼저 한쪽 다리 아래부터 시도. 잘 했다면 반대쪽 다리도 도전해보자. 단 이 놀이를 할 수 있는 것은 중형견까지이다. 대형견이라면 의자 등을 이용하면 된다.

무릎을 굽힌 채 간식 쥔 손을 바닥에 놓고 사진처럼 반려견을 유도한다.

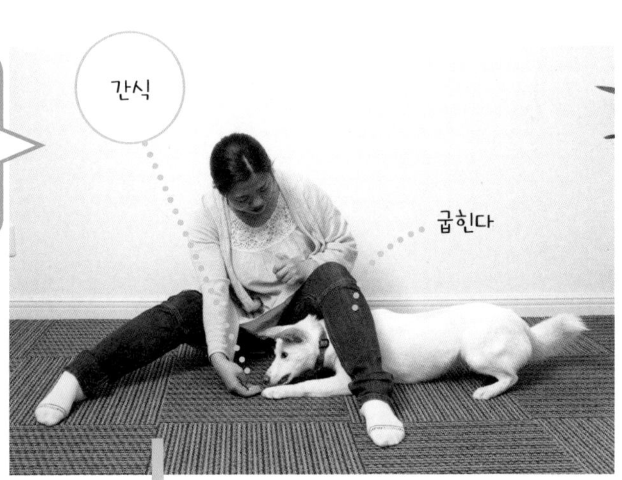

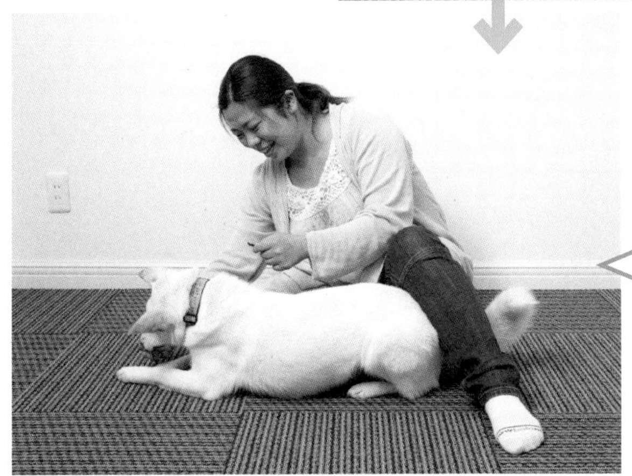

반려견이 다리 밑을 빠져나가면 많이 칭찬해주고 간식을 준다. 양쪽 다리 모두 할 수 있게 한다.

노령견도 리프레시! 함께 여행을 떠나자!

노령견이라도 여행은 즐겁다! 즐거운 여행으로 기운 회복!

'노령견이니까 함께 여행하는 것은 무리'라고 지레 포기하지는 않았는지? 하지만 차로 이동한다면 노견에게도 여행은 즐거울 것이다. 낯선 경치를 바라보거나 평소와는 다른 환경에서 놀다 보면 기분전환이 되는 것은 사람이나 개나 다를 바 없다. 멀리 나가기 어렵다면 가까운 캠프장이라도 상관없다. 함께 먹고 놀고 자는 체험을 통해 여행의 즐거움을 알려주자.

개가 '또 가고 싶다'라고 생각하게 된다면 기운이 솟을 것이다. 자력으로 설 수 없었던 개가 여행을 계기로 회복되어 스스로 걸을 수 있게 되었다는 예도 있다.

낯선 지역을 가는 것만으로도 기분전환이 된다.

켄넬은 필수품

차로 이동할 때에는 켄넬을 사용한다. 처음 가는 지역에서도 안심할 수 있는 장소가 있다면 좋을 것이다. 그런 의미에서도 켄넬 트레이닝은 중요하다.

○ 장점과 ✕ 단점을 고려하여 숙박지를 선택하자!

온천여관

○ 반려인은 탕에 들어가 푹 쉴 수 있다

✕ 개가 들어갈 수 있는 장소가 한정되었다면

반려견과 함께 숙박할 수 있는 숙소도 있지만 보통은 허락되지 않는다. 온천이 매력적이기는 하지만 반려견이 즐길 수 있는지를 기준으로 선택하자

리조트 호텔

○ 설비가 잘 되어 있어 쾌적, 호화

✕ 숙박비를 포함해 비용이 든다

부지 내의 오두막이나 메조넷을 이용하는 케이스가 많은 것 같다. 방에서 함께 지낼 수 있기는 하지만 반려견이 들어갈 수 있는 곳이 한정된 경우가 많고 식사는 별도로 해야 할 수도 있다.

오두막

○ 개인적인 공간을 즐길 수 있다

✕ 설비가 불충분할 가능성도 있다

한 채를 임대하는 코티지에는 개를 데려가도 되는 시설이 다수 있다. 개 전용 설비나 비품 등이 준비되어 있는 곳도 있지만 아무것도 없는 시설도 있으니 사전에 확인하자.

캠프장

○ 손쉽게 예약할 수 있고 저렴하다

✕ 준비할 것이 많고 힘들다

대부분의 캠프장에는 개의 출입이 허용된다. 하지만 아웃도어라고는 해도 공용장소이므로 매너에 신경 써야 한다. 개를 무서워하는 사람도 있으니 규칙을 잘 지키도록 한다.

노화의 신호가 나타나기 시작하면

몸 상태에 맞춰 서포트한다

노화로 체력이 약해지고 간호가 필요해지더라도 되도록 누워만 지내는 상태가 되지 않도록 서포트하자. '노견이니 어쩔 수 없지'라고 포기하지 않는 것이 중요하다.

노화는 급격하게 진행되므로 방치하지 말고 서포트를!

질병이나 부상이 계기가 되면 노화는 순식간에 진행된다. 자력으로 일어서지 못하게 됐을 때 그대로 방치하면 관절이나 힘줄이 굳어서 '엎드려'조차 하지 못하게 된다. 몸의 근육이 굳어버리면 누워 지내는 상태가 될 때까지 얼마 걸리지 않는다. 노화의 신호를 발견했다면 반려견의 상태에 맞는 적절한 처치나 간호를 신경 쓰도록 하자.

반려견을 서포트할 때 중요한 것은 '반려인의 애정' '쾌적한 환경' '수의사의 기량' '적절한 처방약'이다. 이것을 신경 써서 케어하면 건강한 상태를 오래 유지할 수 있다. 질병이나 부상에서 회복되면 다시 건강하게 지낼 수 있을 것이다.

상태가 나쁜 것뿐이니까
회복되면 다시 걸을 수 있어요.

처치나 간호에 필요한 것

1 반려인의 애정

2 쾌적한 환경

3 수의사의 기량

4 적절한 처방약

노화를 포기하지 않는다

'건강하게 살게 해주고 싶다'는 반려인의 마음이 무엇보다 중요하다. 반려인이 포기하면 노화는 급격히 진행된다.

체력을 유지할 수 있는 방법 모색

운동기능이나 체력저하에 맞춰 쾌적한 환경을 준비하는 것도 중요하다. 체력을 유지할 수 있도록 연구해보자.

포기하지 않는 수의사를!

수의사의 기량도 중요하다. '노견이니 어쩔 수 없다'고 의사가 포기해버리면 그걸로 끝이다. 세컨드 오피니언은 필요하다.

약으로 진행을 늦춘다

증상에 맞게 적절한 약을 투여하면, 노화의 진행을 늦출 수 있다. 필요에 따라 특별요법식이나 보조제도 함께 쓴다.

간호하기 전에

알아두어야 할 것들

아무리 건강한 개라고 해도 나이를 먹어 노령기에 돌입하면 얼마 지나지 않아 간호가 필요한 시기가 찾아온다. 여기에서는 간호를 시작하기 전에 유의해야 할 세 가지 사항을 정리했다.

1

간호하기 전에 수의사에게 상담한다

자가진단은 위험하다 '소변을 지린다' '서 있지 않는다' 등 알기 쉬운 신호가 나타났다고 해도 일단 수의사에게 상담하는 것이 먼저이다. 건강진단을 받고 서포트 방법에 대해 조언을 듣는 것이 중요하다. 운 좋게 질병이 발견될지도 모른다.

2

간호용품은 항상 손닿는 곳에 놓는다

간호에 필요한 용품은 한 데 모아 상자 등에 담아두자. 정기적으로 먹일 필요가 없는 약이나 보조제는 실린지 등과 함께 용기에 정리하고, 케어 용품은 다른 용기에 수납해서 손을 뻗으면 닿을 만한 곳에 둔다.

간호용품이란

- 수건
- 배변패드
- 소취제
- 압박붕대 등

3

서포트 하기 전에 '말을 거는' 습관을 들인다

세울 때, 걷게 할 때, 재울 때 등 갑자기 몸에 손을 대면 개는 깜짝 놀란다. 그래서 개의 이동을 서포트할 때에는 눈을 맞추고 '일어나자' '걸을까' '자야지' 등 말을 걸어주는 것이 좋다.

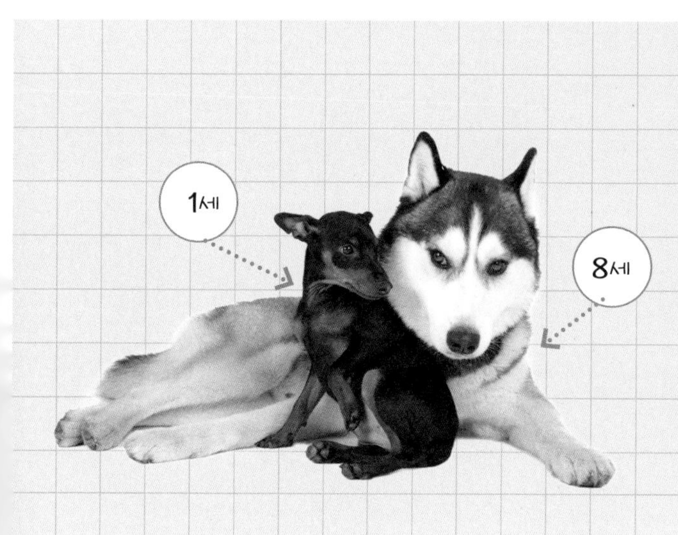

이상적인 나이 차이는 7살!

사이좋게 지내는 개가 있으면 노후가 즐거워진다

함께 사는 강아지가 있다면 노령견은 뇌를 자극받아 마음에 긴장이 생긴다. 동년배의 개를 두 마리 키우면 함께 노견이 되기 때문에 여러 마리를 키울 때에는 나이 차이를 두는 것이 좋다. 예를 들어 기존에 살던 개가 7살이 되었을 때 강아지 1마리를 들이면 기존 개가 생명을 다할 무렵에 다시 한 마리가 시니어기에 돌입. 그때 다시 강아지를 들이는 사이클이 이상적이다.

간호의 기본 1 보행 보조

걷는 것은 노견에게 중요한 운동이다. 혼자 힘으로는 걷지 못해도 반려인의 서포트로 움직일 수 있다면 가능한 걷게 하자.

개가 자기 힘으로 걸을 수 있도록 서포트해주자

보행보조에서 중요한 것은 반려인이 과도하게 서포트하지 않는 것이다. 보행을 할 때 과보호하며 돕는다면 반려견은 지나치게 반려인을 의지하게 되어 곧 혼자 힘으로는 걸을 수 없게 된다. 노견에게 보행은 매우 중요한 사안이다. 걷다 보면 혈액순환이 잘 되어 힘줄이 굳는 것을 예방할 수 있기 때문에 노화로 인한 운동능력 저하를 억제할 수 있다. 따라서 반려인이 제대로 서포트해주어야 한다.

포인트 1

걸을 때 다리가 후들거린다면 하네스로 넘어짐 방지

걸음이 불안정한 개라면 몸 전체를 지탱할 수 있는 하네스를 이용해 보행하면 좋다. 목줄은 개가 쓰러졌을 때 제대로 서포트할 수 없지만 앞쪽에 후크가 있는 타입의 하네스는 반려견을 더 잘 컨트롤할 수 있다.

하네스를 채우는 방법

STEP 1

손을 하네스에 통과시킨 상태에서 반려견에게 간식을 준다. 간식으로는 먹는 데 시간이 걸리는 껌 종류가 좋다.

STEP 2

반려견이 씹기 시작하면 간식을 쥔 손을 앞으로 당겨 유도. 다른 손으로 반려견의 머리에 하네스를 씌운다.

STEP 3

간식을 반려인의 무릎 밑에 놓고 고정한다. 양손이 자유로워지면 쉽게 하네스를 채울 수 있다.

STEP 4

반려견을 세우고 하네스를 제대로 장착. 반려견이 간식에 정신이 팔려 있는 동안 재빨리 채우는 것이 요령이다.

포인트 2

뒷다리에 힘을 주지 못하는 개는 워킹벨트로 보조

뒷다리에 힘이 들어가지 않는 개도 앞다리가 튼튼하다면 반려인의 작은 서포트만으로도 걸을 수 있다. 그럴 때 편리한 것이 워킹벨트이다. 다양한 타입의 워킹벨트 중 허리에 단단히 장착할 수 있는 바지 타입을 추천한다.

바지 타입의 워킹벨트. 개의 뒷다리를 통과시킨 상태로 고정하기 때문에 벗기가 어렵고 안전하다.

리드와 워킹벨트로 개의 몸을 지탱하면서 걷는다

산책할 때 사진과 같이 리드와 워킹벨트를 잡고 개의 몸을 받치면서 걷도록 한다.

포인트 3

다리를 끄는 개에게는 양말을 신긴다

관절 통증이나 마비 등에 걸린 개는 한쪽 다리를 끌고 걷기도 한다. 내버려두면 다리에 찰과상 등이 생기므로 주의하자. 양말을 씌우면 찰과상을 예방할 수 있으며 아기용(사람) 양말이 개의 다리 사이즈에 적당하다.

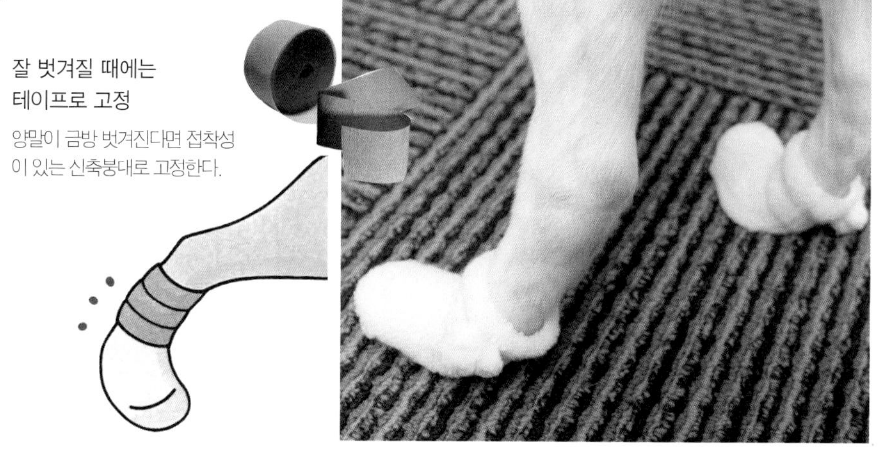

잘 벗겨질 때에는 테이프로 고정

양말이 금방 벗겨진다면 접착성이 있는 신축붕대로 고정한다.

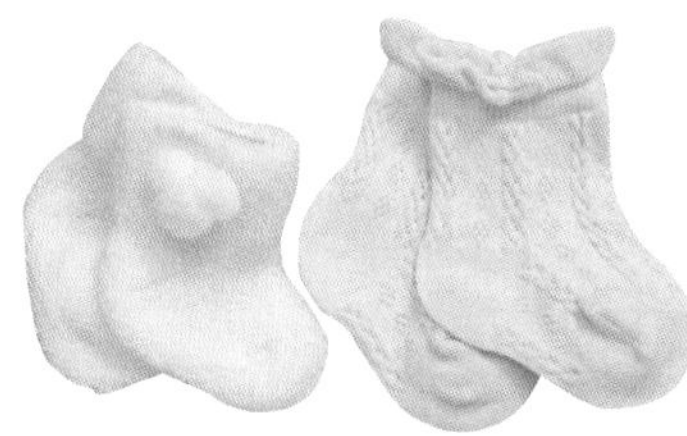

사람의 아기용 양말이 편리!

아기용 양말에는 몇 가지 사이즈가 있는데 가능한 작은 사이즈를 선택하면 된다.

걷지 못하는 개는 카트에 태워 산책하자!

반려견에게 산책은 단순한 운동만을 위한 것이 아니다. 외출해서 다양한 자극을 받는 것은 스트레스 해소도 된다.

만약 반려견이 누워 지내게 되었다고 해도 집안에 틀어박혀 지내게 하는 것은 좋지 않다. 가끔씩 카트 등에 태워 산책을 나가자.

식사 보조

노견에게는 밥을 먹는 것도 부담스러울 수 있지만 식사는 건강한 몸을 만들기 위해서는 빼놓을 수 없다. 즐겁게 밥을 먹을 수 있도록 연구해보자.

포인트 1 서서 먹지 못하는 개는 상체를 일으켜준다

개는 신체구조상 누워서 밥을 먹으면 음식물이 제대로 위 속으로 들어가지 않는다. 식도에 음식물이 막혀 식도염 등의 질병에 걸리기도 하므로 누운 상태에서는 절대로 밥을 먹여서는 안 된다. 몸을 일으켜 먹을 수 없는 반려견이라면 반려인의 서포트가 필요하다.

안고 먹인다

개의 상반신을 무릎 위로 안고 손으로 밥을 주는 방법. 몸보다 머리의 위치가 위로 가게 해서 급여한다.

엎드려서 먹게 한다

상체를 일으킬 수 있다면 엎드린 자세로 먹게 해도 괜찮다. 개가 눕지 않도록 곁에서 잘 지켜볼 것.

누워서 먹이는 것은 금물!

개가 누워 있는 상태에서는 절대로 식사를 급여해서는 안 된다. 머리를 세워서 먹이는 것이 기본이다.

식사가 부담되지 않도록 배려하자

노견이 되면 몸의 각 부분의 기능저하로 밥을 제대로 먹지 못하게 된다. 밥을 먹는 것이 부담이 되면 식욕도 감소하고 체력도 저하될 위험까지 있다. 반려견이 쾌적하고 즐겁게 밥을 먹을 수 있도록 반려인이 서포트해주자.

특히 노견은 식후에 지내는 시간에도 신경 써야 한다. 소화를 돕는 의미에서도 식후 잠시 동안은 몸을 일으킨 자세로 있게 하고, 확실한 수분섭취도 잊지 않아야 한다.

머리를 아래로 숙이기 힘들어 하다면 식탁 위에 식기를

노견에게는 바닥에 놓인 식기의 밥을 먹는 것도 꽤 힘든 일이다. 입보다 식도나 위가 위쪽에 있는 자세가 되기 때문에 부담이 클 수밖에 없다. 또 경추나 목에 장애가 있는 개는 머리를 아래로 숙이면 고통스러워서 식욕이 떨어지기도 한다. 이럴 때에는 사진과 같이 식기를 식탁에 놓아주면 부담을 줄일 수 있다.

머리를 숙이지 않아도 먹을 수 있도록
식기를 식탁에 올려주면 고개를 숙이지 않고도 먹을 수 있다. 물그릇도 식탁 위에.

딱딱한 것을 먹지 못할 때에는 사료를 물에 불려서 준다

노견은 이빨이나 잇몸에 질병이 걸리기 쉽다. 입 안에 질환이 있으면 통증 때문에 딱딱한 것을 잘 씹지 못해 삼키지도 못하게 된다. 그럴 때에는 물에 불린 건사료를 주는 것이 좋다. 불린 사료로 수분도 보충할 수 있기 때문에 물을 많이 마시지 않는 노견에게 최적이다. 뜨거운 물에 불리면 사료의 영양이 손실될 수도 있으므로 미지근한 물에 적셔 두는 방법을 추천한다.

간호의 기본 ③ **목욕 서포트**

배설물 등 여러 가지 이유로 특히 노견은 목욕할 기회가 많아진다. 체력이 약한 개에게 부담스럽지 않은 목욕이 되도록 특히 신경 쓰자.

부담이 가지 않도록 재빨리 씻기자

노견의 목욕에서 중요한 포인트는 가능한 짧은 시간에 끝내는 것이다.

때문에 목욕준비를 확실하게 한 후 목욕을 시켜야 한다. 샴푸를 미리 뜨거운 물에 풀어두거나 반려견의 몸을 적실 미지근한 물을 받아놓는 등 조금이라도 시간을 단축할 수 있도록 연구해두자.

또 목욕이 끝나면 흡수성이 좋은 수건 등을 사용해 재빨리 닦아준다.

후들거리는 개는 잘 부축해서 씻어준다

노견이 되면 앞다리도 후들거리게 되어 몸의 균형을 잃고 쓰러지는 일이 많아진다. 목욕을 시킬 때에는 개의 몸을 잘 부축해야 한다. 가능한 몸을 부축하는 사람과 씻는 사람이 있는 2인조가 이상적이다. 또 욕실은 미끄러지기 쉬우므로 넘어지는 것을 방지하기 위해서 반드시 수건이나 매트 등을 깔아야 한다.

두 사람이 목욕을 시키면 넘어지는 등의 위험이 줄고 작업효율도 높아진다. 또 목욕을 단시간에 끝낼 수 있다.

서 있지 못하는 개는 베이비바스에서 부분욕을 시킨다.

다리에 버티는 힘이 없어 반려인이 부축해도 오래 서 있지 못하는 개도 있다. 그런 경우 베이비바스 등에 미지근한 물을 받아서 앉히고 부분욕을 시킨다. 소변 실수로 몸이 지저분해졌을 때 등 부분욕으로 몸을 씻기고 싶을 때에도 활용할 수 있다.

빨리 씻길 수 있기 때문에 개에게도 부담이 가지 않는다. 체력저하가 두드러지는 개에게는 부분욕을 추천한다.

목욕이 힘들다면 몸을 닦아준다

컨디션이 나쁠 때에는 무리하게 목욕시킬 필요가 없다. 뜨거운 물에 적신 수건으로 몸을 닦아주기만 해도 효과가 있다. 털의 결을 따라 몸에 붙은 먼지나 피지 등의 잔해를 닦아 깨끗하게 해준다.

간호의 기본 ❹ **배설 케어**

노견의 화장실 실수는 어쩔 수 없는 일이다. 개 입장에서도 분명 안타까운 기분이 들 것이다. 그런 마음을 이해하면서 간호하자.

스트레스를 받지 않는 간호를 신경 쓴다

배설 시에 사용되는 근육이 쇠약해지고 신경계 질환이나 노화로 느려진 걸음 때문에 타이밍을 맞추지 못하는 등 노견이 화장실 실수를 하는 이유는 얼마든지 있다.

배설 트러블은 반려인에게 부담이 된다. 배설물을 청소하고 반려견의 몸에 묻은 오염물도 깨끗이 닦아내야 하기 때문이다. 반려인의 스트레스는 반려견에게도 악영향을 미치는 만큼 기저귀를 사용하는 등 가능한 품이 덜 드는 방법을 연구하는 것도 중요하다.

포인트 1

배설자세를 취하지 못한다면 허리를 받쳐준다

허리와 다리가 약해지면 배설 시에 하는 엉거주춤한 자세를 취하지 못하게 되기도 한다. 뒷다리로 버티지 못하면 제대로 배설하지 못하게 되므로 반려인이 뒤에서 허리를 잘 잡아주는 것이 좋다.

배변패드를 넓게 깔고 개의 허리를 잡아준다
균형을 잃고 움직일 수도 있으므로 배변패드는 널찍하게.

포인트 2

누워 지내는 개는 침상에 배변패드를 깐다

개가 혼자 힘으로 걷지 못하게 되었다면 사진과 같이 침상에 배변패드를 깔아주자. 기저귀를 채우는 것보다 배설빈도 등을 파악하기 쉽고 케어도 편하다. 배설한 후에는 바로 몸을 닦아 청결히 한다.

수컷은 배 쪽에, 암컷은 엉덩이 쪽에 배변패드를 깐다.
큰 사이즈면 안심할 수 있다.

소변을 지리는 개에게는 기저귀를 채운다

신경마비나 근육의 쇠약 등으로 소변을 지리는 개에게는 종이기저귀를 사용하자. 하지만 하루 종일 기저귀를 채워두면 위생 면에서도 문제가 생기고 화장실에서는 배설하지 못할 수도 있으므로 집을 비울 때에나 평소 배설하는 시간대에만 채우는 등 상황에 맞춰 사용하는 것이 좋다.

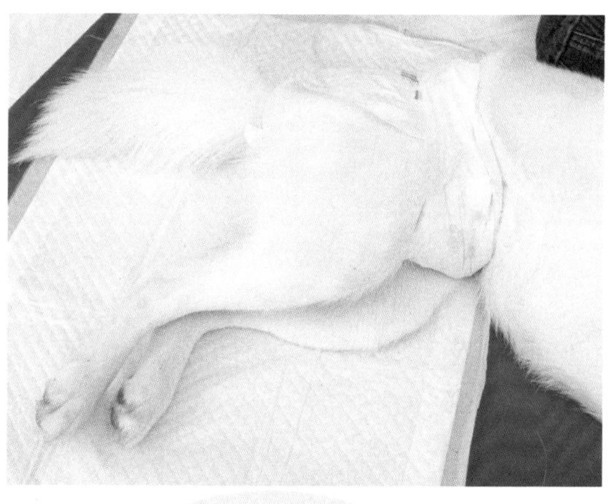

아기용 기저귀를 등 쪽에 테이프 부분이 오도록 반대 방향으로 채운다. 기저귀 발진 등에 주의할 것.

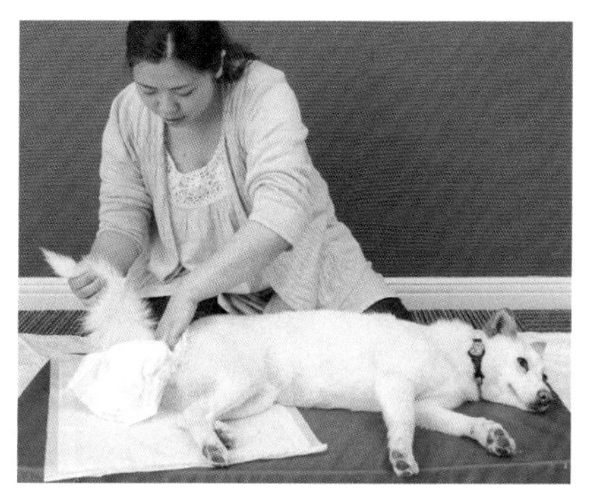

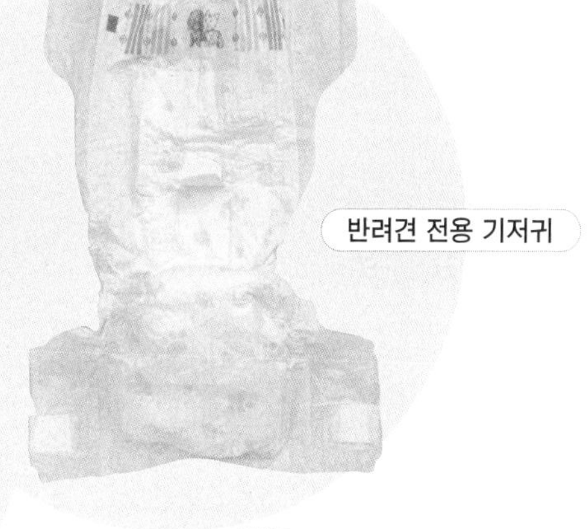

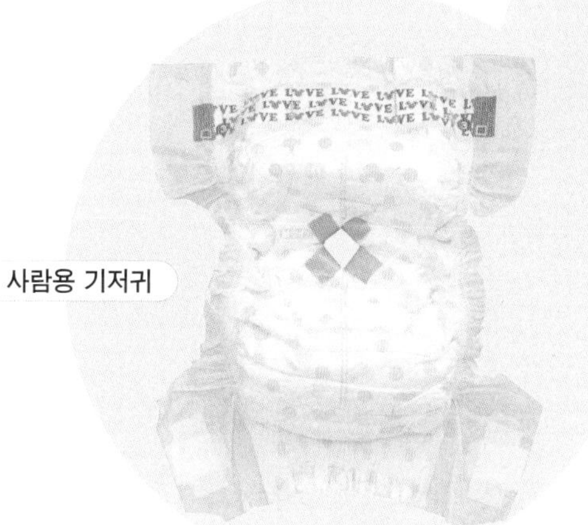

※ 사이즈는 치수를 잰 후에 선택한다.

사람용과 반려견 전용 기저귀 중 어느 것이 좋을까?

개 전용 기저귀의 단점은 가격이 비싸다는 것이다. 꼬리가 통과하도록 사람용 기저귀에 구멍을 뚫으면 대용할 수 있다.

간호의 기본 ⑤ 욕창 대책

누워 지내게 되면 개나 사람이나 욕창이 생기기 마련이다. 일단 발병한 욕창은 진행이 빠르기 때문에 반려인의 조속한 케어가 중요하다.

침상 소재를 바꾸거나 뒤집어주면서 대처

반려견이 누워 지내게 됐다면 제일 먼저 주의해야 할 것이 욕창이다. 욕창이란 피부의 일부분이 괴사하는 것으로, 피부가 지속적으로 체중의 압박을 받으면서 혈액순환이 나빠지는 것이 원인이다. 발병하면 순식간에 진행되므로 주의해야 한다.

욕창을 예방하기 위해서는 장시간 같은 자세로 두지 않아야 한다. 자세를 자주 바꿔주는 것이 가장 좋은 예방법이지만 그렇게 빈번하게 바꾸기는 쉽지 않다. 이럴 때에는 침구 소재를 바꾸거나 수의사에게 상담하여 효율적으로 케어하자.

포인트 1

욕창 방지를 위해 부드러운 침구를.

침구만 부드러워져도 욕창이 예방된다. 추천용품은 저반발 매트인데 가격이 높은 편이다. 하지만 일반 매트에 비하면 피부에 대한 압박이 적기 때문에 욕창이 잘 생기지 않는다. 개 전용 저반발 매트도 판매하고 있으며 사람용도 상관없다. 손으로 눌러보고 바로 돌아오지 않는 것을 선택한다.

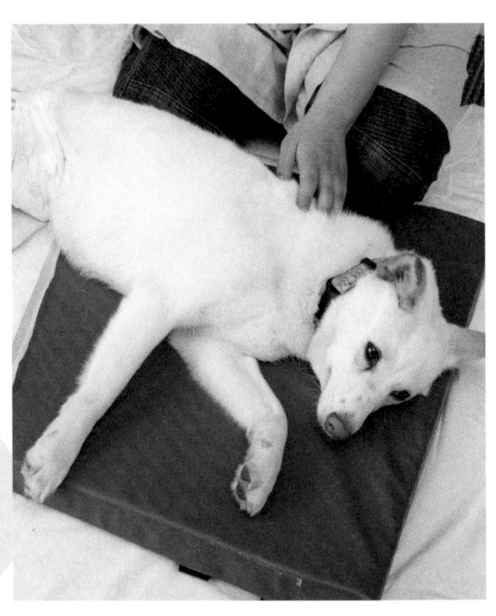

저반발 매트라면 몸에 부담이 되지 않을 것이다.

포인트 2

누워 지내는 반려견의 자세를 상태에 따라 자주 바꿔준다

쾌적한 침상이 되었다고 해도 같은 자세로 계속 누워 있다 보면 욕창이 생기므로 상태에 따라 자주 뒤집어주어야 한다. 누워 있는 상태에서 뒤집어주면 내장의 위치가 어긋나거나 식도에 쌓여 있던 음식물이 역류해서 질식할 수도 있다. 뒤집기는 반드시 몸을 일으킨 후에 하는 것이 원칙이다.

1 반려견을 품에 안고 겨드랑이 안쪽까지 잡은 뒤 왼손을 허리에 대고 개를 들어올린다.

2 그 상태에서 위로 들어올린다. 반려견이 떨어지지 않도록 잘 들어야 한다.

3 반려견을 들어서 몸을 세운 후, 손의 위치를 이동시켜 방향을 바꾼다.

4 엉덩이 쪽부터 침상에 살짝 내려놓는다. 다리가 포개지지 않도록 눕힌다.

누워만 지내게 되면 정기적으로 재활치료를

개는 누워 지내게 되면 운동을 하지 못하기 때문에 몸의 근육이나 관절이 점차 쇠약해진다. 다리의 굴신운동으로 관절이 굳는 것을 억제하거나 마사지를 해서 근육을 풀어주도록 하자. 이 재활치료만으로도 개의 건강유지에 도움이 된다.

● 굴신운동

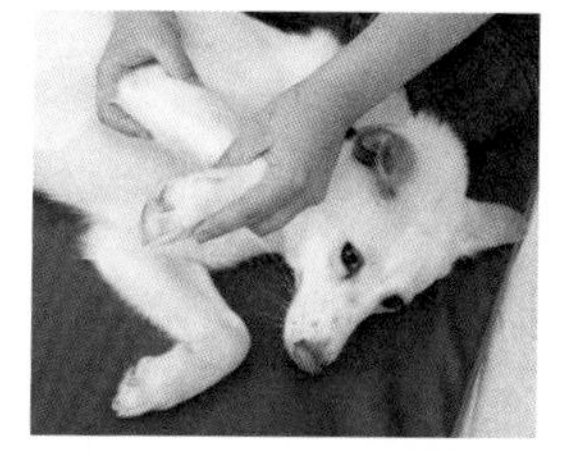

● 마사지

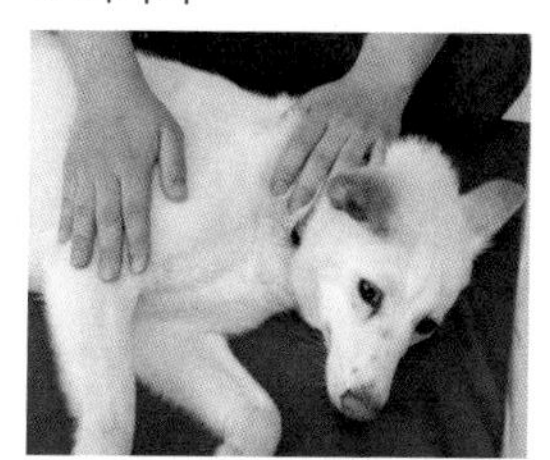

이별의 날이 오면…

마음의 준비와 배웅

반려견과의 이별은 언젠가 반드시 찾아온다. 하지만 막상 그때가 되면 상실감 때문에 대처방법을 잊어버리기도 한다. 사랑하는 반려견이 떠났을 때 반려인이 해야 할 일이 무엇인지 알아두자.

이별 준비

몸이 굳기 전에 자세를 정돈하고 빗질 등을 해서 깨끗이 하자. 또 콧구멍이나 입, 엉덩이 등의 구멍에서 체액이 흘러나오기도 하므로 잘 닦아주도록 한다. 여름은 물론 겨울에도 따뜻한 방에 안치할 때에는 수건에 보냉제 등을 싸서 사체 밑에 넣어둔다.

장례를 치른다

최근에는 개나 고양이 등의 동물을 가족의 일원으로 생각하는 사람들이 많아서 장례식을 치르는 경우가 늘고 있다. 장례는 펫 전문 민간 장례업체에서 치르는 경우가 대부분이다.

화장을 한다

민간업체에서 합동화장

화장을 하기 위해서는 펫 장례식장이나 영원(공동묘지), 사원에 설치된 동물영원 등의 시설을 이용한다. 합동장례는 다른 동물들과 함께 화장하기 때문에 뼈를 가져올 수도 없다.

민간업체에서 개별화장

업체에 따라 다양한 스타일이 있는데, 개별적으로 화장하기 때문에 기본적으로는 입회나 뼈를 수거할 수도 있다. 유골을 가져올 수 있는 것이 최대 장점이다. 합동화장에 비해서 비용이 높지만 사람과 똑같은 이별이 가능하다.

지방자치제에서 화장(일본의 경우)

일본에서는 지방자치제에서 화장을 한다. 크게 나누면 폐기용 소각장에서 소각, 동물전용 소각장에서 화장, 위탁처 민간업체에서 하는 화장 등이 있다. 기본적으로 합동화장인데 지자체에 따라서는 유골을 돌려주는 곳도 있다. 비용이 저렴한 것이 특징이다.

※ 한국은 쓰레기로 분류해 쓰레기 봉투에 담아 내놓아야 한다.

매장을 해도 되는지?

공공 땅이나 다른 사람의 부지 내에 매장하는 것은 금지되어 있지만 자택 정원 등 사유지 내에서라면 법적인 문제는 없다. 하지만 냄새와 위생 문제 때문에 3m 이상 깊숙이 매장할 것을 권한다.

납골한다

다른 개와 합동으로 납골한다

다른 개의 뼈와 함께 매장하는 합동장이다. 업체에 따라 방법은 다를 수 있다.

개별 묘지나 납골당에 안치한다

사람과 마찬가지로 개별로 납골하는 스타일. 유골은 수목장과 납골당에 안치하는 방법이 있고, 기본적으로 양쪽 다 영구적으로 보관할 수 있다. 납골당은 다양한 타입이 있으며 업체마다 관리 기간과 요금이 다른 만큼 꼼꼼하게 확인해야 한다.

사람과 같은 무덤에 넣어도 되는지?

최근에는 반려견과 함께 무덤에 묻히고 싶어 하는 반려인이 늘고 있다. 그래서 사람과 같은 무덤에 납골할 수 있는 영원도 있다. 반려동물의 납골에 관해서는 이용규칙 등에도 기재되어 있지 않은 것이 많으므로 묘지 관리자에게 문의해보자.

추도식

반려가족의 종교나 상황에 따라 반려견을 추도할 수도 있다. 49제나 1주기 등의 시기에 많이 이루어진다.

유골을 가져온다

유골을 일단 집으로 가지고 돌아와 한동안 시간이 경과한 후 수목장이나 납골당에 안치할 수도 있다. 계속 곁에 두고 싶다면 그대로 자택에 보관하는 방법도 있다. 자택 정원 등에 묻고 묘석이나 비석을 세워줄 수도 있다.

필요한 수속이란?

일본의 경우 키우던 반려견이 죽었을 때에는 역장에 대한 신청서가 의무화되어 있다. 수속 내용에 관해서는 각 시군구청에 따라 차이가 있다. 또 혈통서가 있는 개라면 등록단체에 연락하여 소정의 수속을 한 다음 혈통서를 반납해야 한다. 하지만 우리나라에서는 특별한 관리가 이루어지지는 않는다.

반려견을 잃는다는 것 펫로스를 생각하다

사랑하는 존재를 잃는다면 누구에게나 일어날 수 있는 일

펫로스란 반려동물을 잃은 슬픔이 깊어서 좀처럼 회복되지 못하는 상태를 말한다. 깊은 슬픔과 후회나 죄책감, 허탈감 등의 감정이 생기고 불면 등의 증상이 나타나기도 한다.

이 증상들은 사랑하는 존재를 잃은 사람에게 일어나는 정상적인 반응이다. 증상의 정도에 개인차는 있겠지만 반려견을 잃는다면 누구나 펫로스에 빠질 수 있다.

사전에 펫로스에 관한 지식을 숙지해두면, 실제로 반려견을 잃었을 때 좀 더 도움이 될 수 있다. 평소 반려견과 관계나 반려견의 생명에 대해서 인식을 하는 것이 중요하다.

펫로스에 빠지지 않기 위한

4가지 마음가짐

반려견의 죽음을 받아들이고 지나치게 의존하지 않는다

개의 수명이 인간보다 짧다 보니 반려견과의 이별은 피할 수 없는 통과의례이다. 반려견을 아이처럼 사랑하고 귀여워하다 보면 무의식 중에 의인화해서 오래도록 함께 살 것이라고 생각하게 된다. '개의 생명은 짧다'는 사실을 잊지 않도록 하자. 또 개에 대한 과도한 의존심은 상실했을 때의 충격을 더 크게 하므로 적당한 거리의 관계를 구축해야 한다.

할 수 있는 범위 내에서 최선을 다한다

'질병 발견이 늦었다' '제대로 간호를 하지 못했다' 등 반려견의 죽음에 대한 후회나 죄책감은 펫로스를 중증화시키는 요인이 된다. 자신이 '할 수 있는 것'과 '할 수 없는 것'을 정리하고 그 안에서 최선을 다하도록 하자. 평소 그 마음을 잊지 않고 언제든 반려견과의 이별이 닥치더라도 받아들일 수 있는 하루하루를 보내는 것이 중요하다.

억지로 잊으려 하지 않는다.

오랫동안 함께 살았던 반려견이 사라지면 슬픔이 밀려드는 것은 당연하다. 무리하게 잊으려 하거나 억지로 밝게 행동하면 슬픔이 배가 되기도 한다. 반려견을 떠나보낸 뒤 마음껏 우는 것도 중요하다. 반려견과의 즐거웠던 추억을 돌아보고 서로 행복한 시간을 보냈던 것에 감사하자.

가족이나 친구와 커뮤니케이션을 한다

혼자 살면서 반려견을 키웠거나 혼자서 임종 간호를 한 사람들은 중증의 펫로스에 시달리기 쉽다. '외롭게 했다' '상태가 급변했을 때 제대로 대처하지 못했다' 등 스스로를 책망하기 쉽다. 가족이나 친구, 동물을 키우는 다른 동료들과 대화하는 등 주변과 교감하도록 하자. 혼자서 슬픔을 전부 다 끌어안지 않아야 한다.

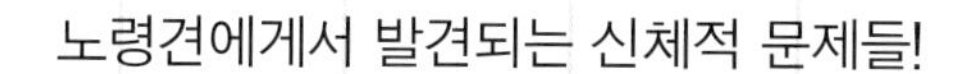

알아두어야 할

기초 질병 지식

안질환

영양소가 감소하거나 대사가 저하되면 트러블이 발생하기 쉽다.
다른 질병에 걸려서 발병하기도 한다.

안구 트러블은 발견이 늦을 확률이 크다

눈은 잡티나 먼지 등이 들어가 상처가 생기면 세균감염 등이 일어나기 쉬운 매우 민감한 기관이다.

더구나 노견이 되면 대사가 떨어져 눈에 골고루 돌아야 할 영양소가 부족하기 때문에 염증 등의 트러블이 발병하기 쉽다. 특히 주의해야 할 것은 백내장이다. 노화로 인한 백내장(노년성 백내장)은 수정체의 핵이 딱딱해지면서 수정체의 단백질이 변질되어 백탁이 생기는 질병으로 노견의 안질환 중에서 가장 많이 발견된다. 그 밖에 당뇨병 등 다른 병에 걸리면서 눈에 이상증상이 나타나기도 한다.

노견은 시력에 문제가 생겨도 노화라고 오해하여 질병의 발견이 늦어질 확률이 높다. 평소 개의 모습이나 시각 반응 유무 등을 잘 관찰해두면 작은 변화도 쉽게 발견할 수 있다.

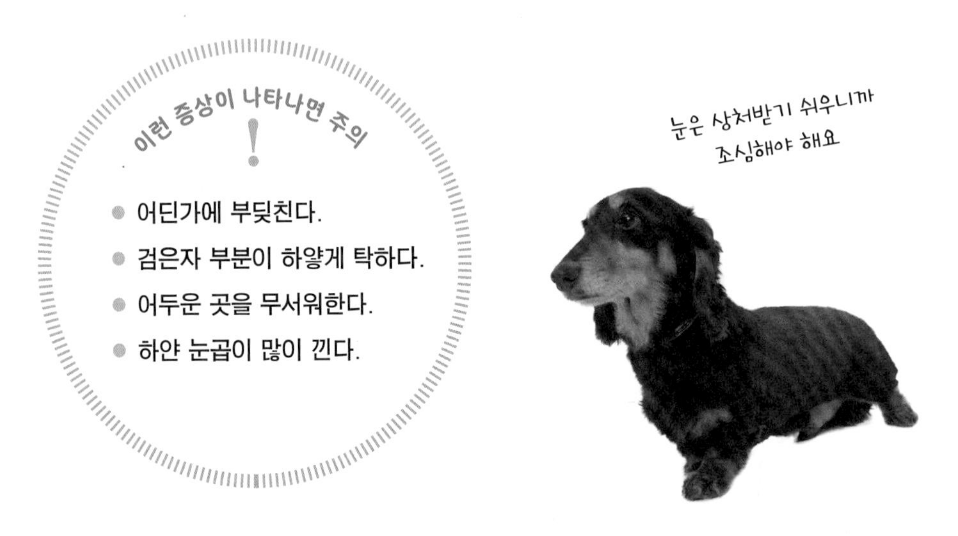

녹내장

안구를 구상으로 보호하는 기능을 하는 방수가 정상적으로 흐르지 않게 되는 질병으로, 안압이 올라가기 때문에 시신경이 영향을 받아 시력이 저하된다. 질병이 더 진행되면 실명하기도 한다. 동공이 열린 상태가 되어 눈이 녹색이나 빨갛게 보이는 것이 특징이다.

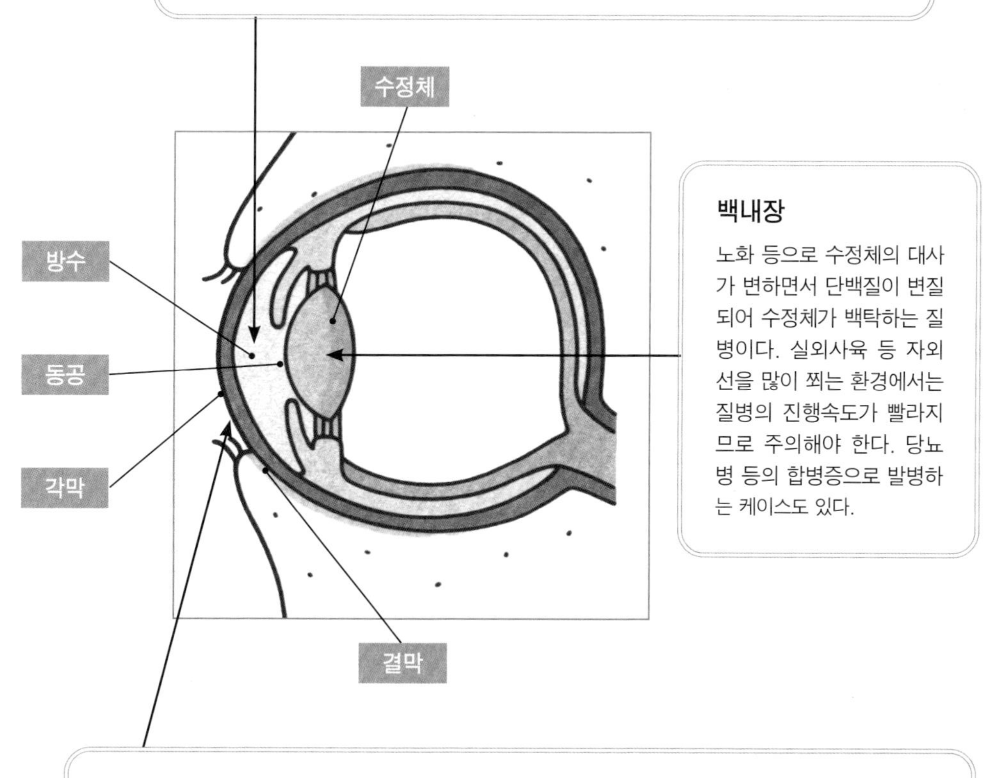

백내장

노화 등으로 수정체의 대사가 변하면서 단백질이 변질되어 수정체가 백탁하는 질병이다. 실외사육 등 자외선을 많이 쬐는 환경에서는 질병의 진행속도가 빨라지므로 주의해야 한다. 당뇨병 등의 합병증으로 발병하는 케이스도 있다.

건성 각결막염(드라이아이)

눈물의 분비량이 감소하여 각막이나 결막에 염증이 생기는 질병이다. 점성이 있는 눈곱이 생기고 결막이 붓거나 충혈된다. 만성화되면 각막의 넓은 범위가 거무스름해지면서 투명도가 사라지고 시력장애가 발생한다.

이빨·구강 질환

구강 내 세정작용이 저하되어 비위생적인 상태가 되기 쉽다.
양치질 등의 일상 케어가 중요하다.

노견의 약 80%가 치주병에 걸려 있다

노견의 약 80%는 잇몸염이나 치주염 등의 치주병에 걸려 있다고 한다. 노견이 되면 타액의 분비량이 감소하여 구강 내 세정작용이 저하되면서 젊을 때에 비해 비위생적인 상태가 되기 때문이다.

이빨이나 구강에 트러블을 안고 있으면 밥을 제대로 먹지 못하여 체력이 저하될 우려가 있다. 또 치주병을 방치하면 잇몸 혈관을 통해 세균이 침입해 신장이나 심장, 폐 등 여러 기관에 악영향을 미치기도 한다. 아래에 소개한 대로 치주병은 치태나 치석이 쌓이는 것이 주요 원인이기 때문이다. 식후 양치질을 철저히 하여 입안을 청결하게 유지하면 트러블을 예방할 수 있다. 하지만 이미 치태나 치석이 생겼다면 치주병으로 발전하기 전에 동물병원에 가서 제거하는 것이 좋다.

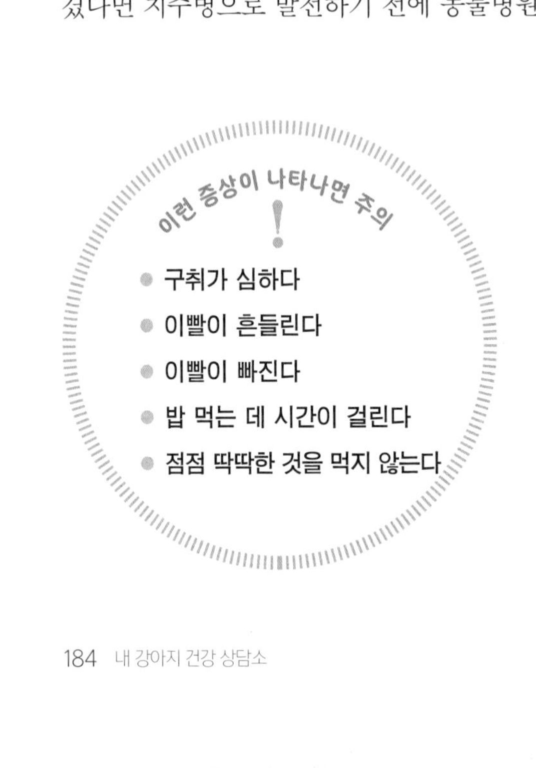

이빨은 오른쪽 그림처럼 되어 있지.

잇몸염

치주질환의 초기 증상이다. 세균이 이빨과 잇몸 사이로 파고들어 잇몸에 염증이 생긴다. 구체적인 증상으로는 잇몸이 변색되고 붓기 등이 발견되며 출혈이 자주 일어난다. 이 잇몸염의 단계에서 적절한 처치를 받으면 완치될 가능성이 높다.

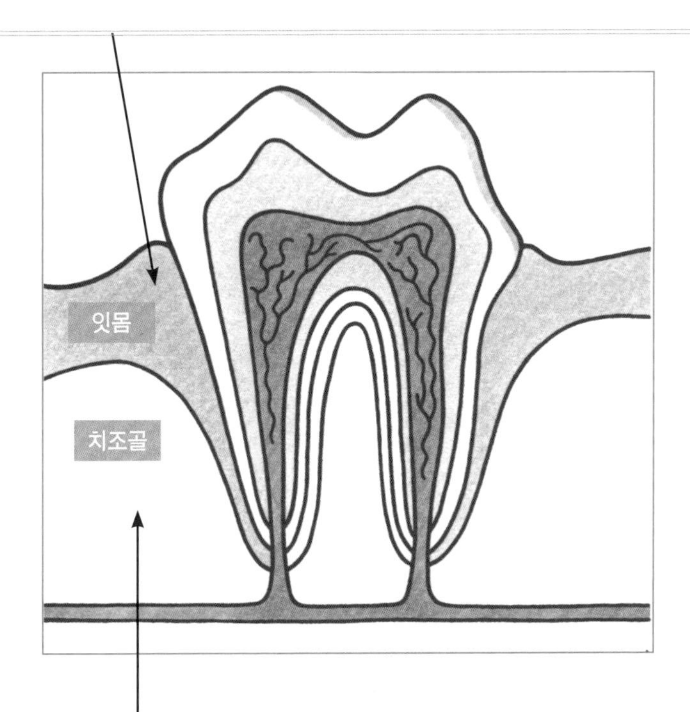

치주염

치주염은 잇몸염이 진행된 상태로, 잇몸에서 고름이 나오거나 구취가 심해지는 특징이 있다. 이빨과 잇몸의 고랑도 깊어지고 치조골(이빨을 받치는 뼈)이 녹아내리기 시작하면 이빨이 흔들리게 된다. 혈관을 통해 세균이 온몸으로 돌면서 내장에 문제가 발생하기도 한다.

치태와 치석이 질병의 원인!

치태나 치석은 구강 트러블의 원흉이다. 치태란 음식물에서 배출된 가스나 세균의 잔해 등이 이빨에 부착된 것으로 치태가 생기면 이빨이 갈색으로 변한다. 치태에 칼슘 등이 부착되어 돌처럼 석회화된 것이 치석이다. 치석을 제거하려면 대부분 전신 마취를 해야 한다.

귀 질환

귓속은 균의 소굴
면역력이 저하된 노견은 감염증에 걸리기 쉬우므로 주의!

상재균의 이상번식이 감염증의 원인

노견은 면역력이 저하되어 있기 때문에 귀에도 감염증이 걸리기 쉽다.

귓속에는 원래 다양한 상재균이 서식하고 있다. 보통 이런 균은 몸에 악영향을 미치지 않지만 먹이가 되는 귀지가 많아지거나 습기가 많은 상태가 지속되면 이상번식하여 감염증을 일으킨다.

감염증을 예방하기 위해서는 일상의 케어가 중요하다. 정기적으로 귀청소를 하거나 귀 주변의 피모를 잘라 통기성을 좋게 하여 세균의 번식을 예방하자. 단 잦은 손질도 질병의 원인이 되므로 정도껏 해야 한다.

귓속에서 이취나 귀지의 증가, 귓구멍의 부종 등이 발견된다면 귀 질환에 걸렸을 가능성이 있다. 증상이 악화되기 전에 곧장 수의사에게 진찰받게 하자.

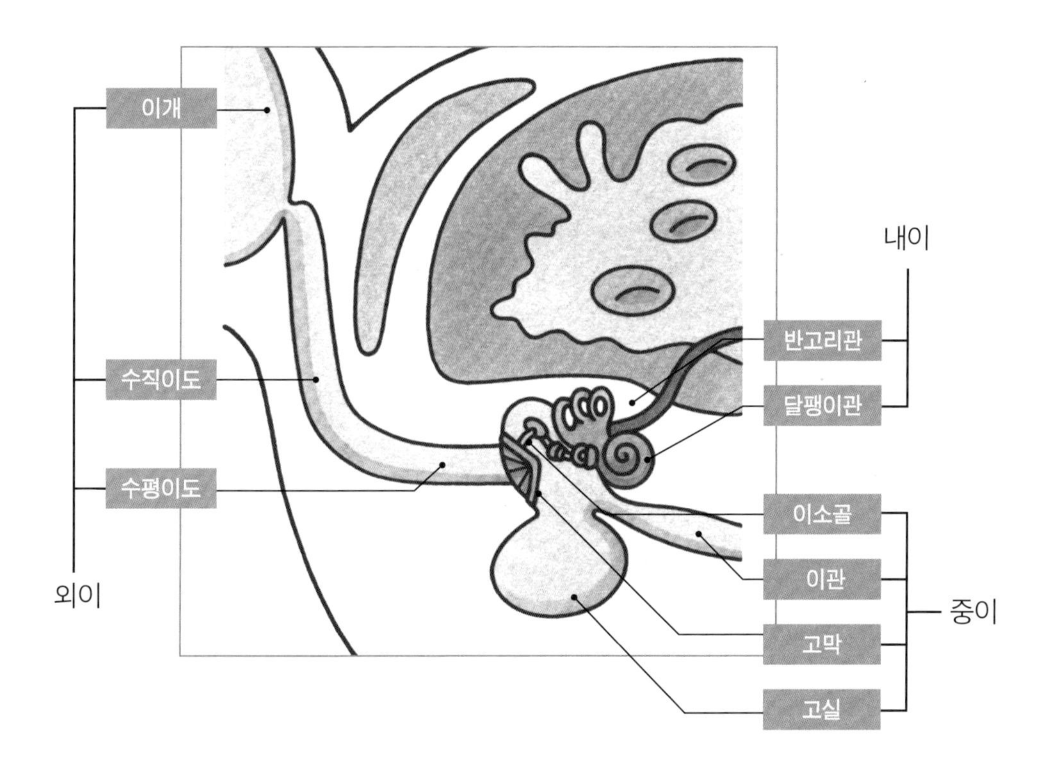

외이염

외이구에서 고막으로 이어지는 외이도에 발생하는 염증이다. 외이는 따뜻하고 습기가 많아서 균이 증식하기 쉬운 환경이기 때문에 염증 등이 잘 발생한다. 개가 귀를 긁거나 냄새가 심한 귀지가 나온다면 외이염을 의심할 수 있다.

중이염

외이의 염증이 진행되어 중이까지 염증을 일으키면 중이염이 된다. 그 때문에 외이염을 병발하는 케이스가 많다. 염증의 범위가 고막까지 미치면 난청이 되기도 한다. 외이염일 때 빨리 치료하는 것이 중요하다.

내이염

대체로 만성적인 외이염이 발전하여 발병하는 질병으로 젊은 개보다 노견에게 흔히 발견된다. 주요 증상은 난청이나 평형감각 마비 등이 있다. 평형감각을 잃으면 머리를 기울이고 걷게 된다. 내이염의 징후가 보인다면 조기치료가 중요하다.

피부 질환

기생충이나 호르몬 질병이 원인이다.
목욕이나 빗질 등의 케어, 벼룩 · 진드기 예방약 등이 효과적이다.

면역력이 저하되면 피부에 이상이 생기기 쉽다

신진대사나 면역력이 저하되어 있는 노견은 성견보다 피부병에 걸리기 쉬운 체질이 된다. 피부병에는 다양한 원인이 있는데, 세균이나 기생충, 진균 등의 증식에 의해 발생되는 피부병 외에 갑상선기능저하증, 부신피질기능항진증 등 호르몬 질병의 영향으로 발생하는 것도 있다.

피부병의 대표적인 증상은 탈모, 피부가 검거나 붉은 것, 가려움, 고름 등이 있다. 이런 증상들이 나타난다면 입욕 시 주의해야 한다. 뜨거운 물은 피부병을 자극하여 가려움이 심해지므로 미지근한 물에 씻어줘야 하기 때문이다.

개를 피부병에서 보호하기 위해서는 피부를 청결하게 하는 것이 중요하다. 또 정기적으로 빗질이나 목욕을 시키고 피부나 피모의 상태를 체크한다. 벼룩이나 진드기 등이 있는지도 확인해보자.

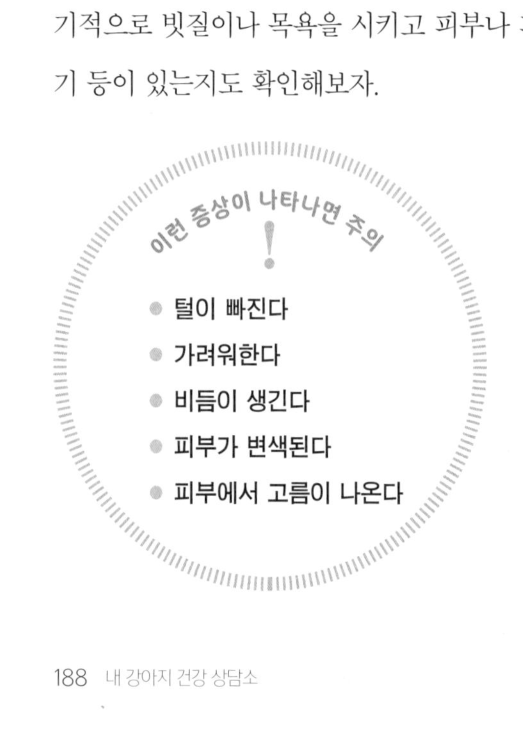

피부진균증

진균이라는 사상균이나 효모균이 피부의 각질층이나 털, 발톱 등에서 증식하는 질병으로, 진균이 증식하면 탈모나 비듬 등의 증상이 나타난다. 귀 등의 점막에서 증식한 효모균은 염증을 일으키고 가려움을 동반한다.

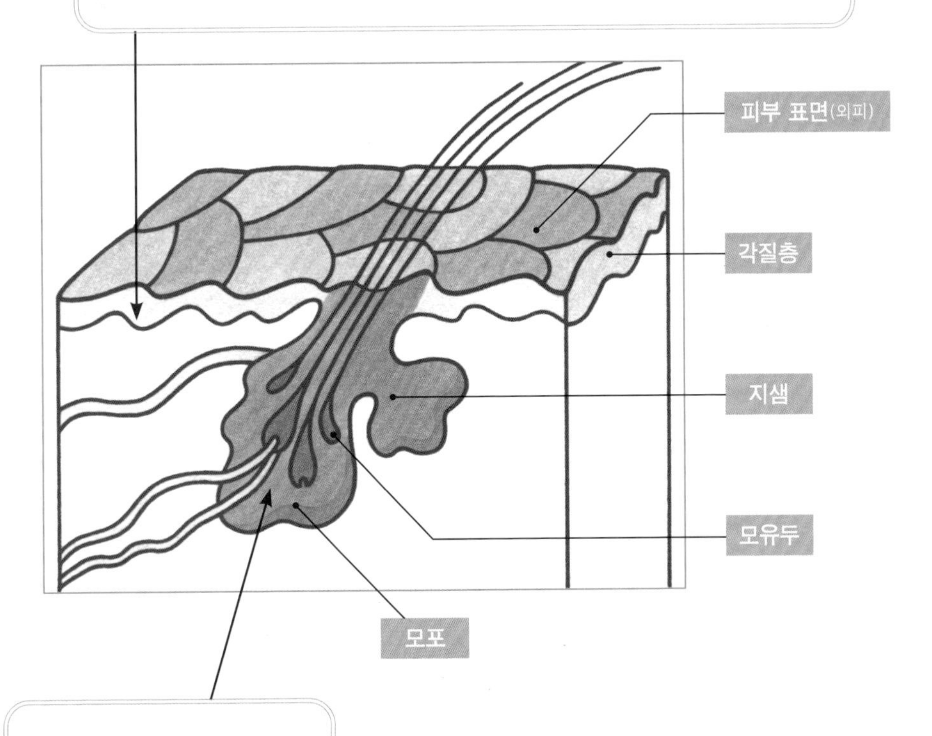

모포충증

모포충은 모공 속에 사는 기생충으로 수가 적을 때는 증상이 나타나지 않지만, 면역력이나 체력이 저하되면 번식하여 피부염을 일으킨다. 갑상선기능저하증, 부신피질기능항진증 등이 되면 걸리기 쉽다.

노화로 탈모나 비듬이 많아진다!

노견이 되면 비듬이 많아지는 것은 노화로 지방샘의 기능이 약해지기 때문이다. 피지의 분비가 적어지고 피부가 건조해지면 비늘 모양으로 벗겨지는데 그것은 비듬이 된다. 탈모가 심해지는 원인은 모유두毛乳頭가 노화되어 피모에 필요한 영양소가 전달되지 않기 때문이다.

암(악성종양)

피부나 내장, 혈액, 뼈 등 모든 부위에 생길 수 있는 위험한 질병. 정기적인 건강검진이 반드시 필요하다

악성종양은 재발이나 전이될 우려가 있다

암이란 악성종양을 말한다. 유전자에 상처가 생기면서 세포가 무질서하게 증식하고 새로운 조직을 형성한다. 그 새 조직을 소위 종양이라고 하는데 다른 조직에 영향을 미치지 않는 양성종양과 주변 조직에 전이되는 악성종양으로 나누어진다. 이 악성종양이 바로 암이다. 암은 점차 증식하기 때문에 수술로 제거해도 재발이나 전이가 반복될 수 있는 무서운 질병이다.

암은 피부, 내장, 혈액, 뼈 등 모든 부위의 조직에 생길 가능성이 있다. 이렇다 할 예방법은 없지만 초기 단계에서 발견하면 수술이나 항암치료제 등으로 완치되기도 한다. 따라서 동물병원에서 정기적으로 건강검진을 받거나 멍울을 체크할 수 있는 바디케어를 통해 개의 몸에 이상을 한시라도 빨리 발견하는 것이 중요하다.

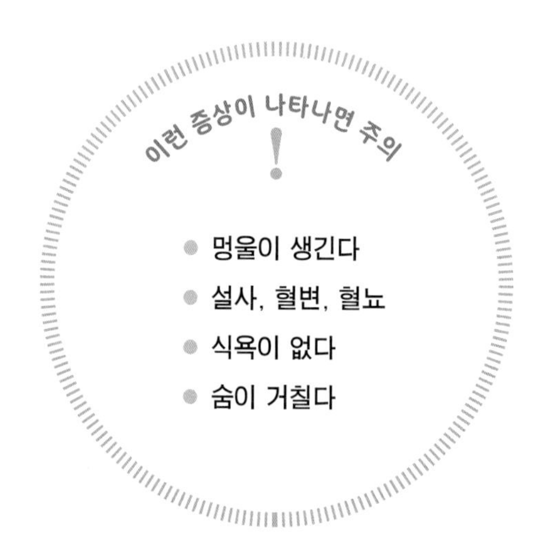

유선종양

유선에 멍울(종양)이 생기는 질병으로 중성화수술을 하지 않은 고령의 암컷에게서 많이 발견된다. 유선종양의 약 50%가 악성종양이며 그 절반은 폐나 림프절로 전이되는 것으로 알려져 있다. 악성종양은 증상이 급속하게 진행되기 때문에 이상이 발견되면 즉시 병원에 가야 한다.

정소종양

수컷의 정소(고환)에 종양이 생기는 질병이다. 종양이 커질 때까지 증상이 잘 나타나지 않기 때문에 발견이 늦어지기 쉽다. 대부분은 양성이지만 악성인 암도 있다. 정소가 제자리에 위치하지 않은 정유정소인 개는 이 질병에 걸릴 확률이 높다.

구강종양

잇몸이나 혀, 목, 구강 내 점막 등에 생기는 종양이다. 입 안에 멍울이 생기거나 밥을 먹기 힘들어 한다면 신경 써야 한다. 구취나 침, 출혈 등의 증상도 나타난다.

항문주위선종

항문 주위에 있는 분비샘에 생기는 선종. 수컷의 성호르몬에서 영향을 받아 발생하기 때문에 중성화수술을 하지 않은 수컷에게 많이 발견되는 종양이다. 항문 주변에 출혈이 있거나 작은 돌기나 부종 등이 있다면 항문주위선종일 가능성이 있다.

암을 일으키는 다양한 요인

바이러스

바이러스 감염이 원인이 되어 발생하는 암이 있다고 한다.

유전

유전적인 영향으로 특정 암에 걸리기 쉬운 견종도 있다.

식사

발암성 물질이 함유된 음식도 있으므로 주의해야 한다.

자외선 · 방사선

피부암의 원인이다. 털이 흰 개는 자외선의 영향을 받을 확률이 높다.

화학물질

오염된 땅 · 물 등에 발암성 화학물질이 있을 가능성도 있다.

기타

외상이나 세균, 기생충 감염, 스트레스 등이 요인이 되기도 하다.

뼈·관절 질환

뼈나 관절, 인대의 쇠약으로 발병.
유전적인 몸의 변형이나 비만 등에 의해 걸리기도 한다.

적당한 운동과 영양으로 뼈·관절의 질병을 예방

개는 나이를 먹으면 뼈가 물러지고 관절 연골도 닳는다. 근육이나 인대가 약해지거나 비만이 되는 것도 관절에 큰 부담을 주면 다양한 트러블이 발생한다.

그중에서도 척추장애는 심각한 질병이다. 척추가 변형되면 신경을 압박하여 통증뿐만 아니라 몸의 마비 등이 일어나기도 한다. 그런 상태에서 걷는 것은 고령견에게 큰 스트레스가 된다.

뼈나 관절질환을 예방하기 위해서는 적당한 운동으로 근력을 키우고 뼈에 필요한 영양을 섭취해야 한다. 또 비만인 개에게는 다이어트가 필요하다.

단 개가 움직이고 싶어 하지 않거나 다리를 보호하며 걷는다면 이미 통증이 있을 가능성이 있으니 억지로 운동시키지 말고 수의사에게 진찰받아보자.

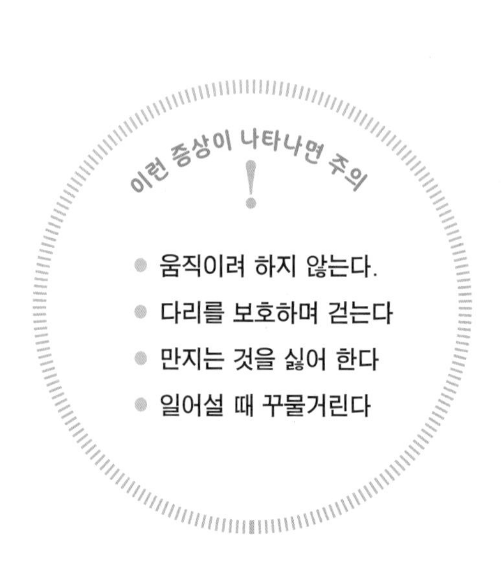

골다공증

뼈의 밀도가 감소하여 뼈가 물러지는 질병으로 작은 움직임이나 충격에도 골절될 수 있다. 칼슘 등 뼈를 형성하는 데에 필요한 영양이 부족하거나 호르몬의 영향, 운동부족 등이 대체적인 원인으로 꼽힌다.

변형성 척추증

추간판의 노화로 추골의 간격이 좁아지면 불안정해진 등뼈를 지탱하기 위해서 극돌기가 생긴다. 이 극돌기가 척추를 압박하는 것이 변형척추증이라는 질병이다. 척추의 변형이나 요통, 보행이상 등이 흔히 발견되는데 전혀 증상이 나타나지 않는 케이스도 있다.

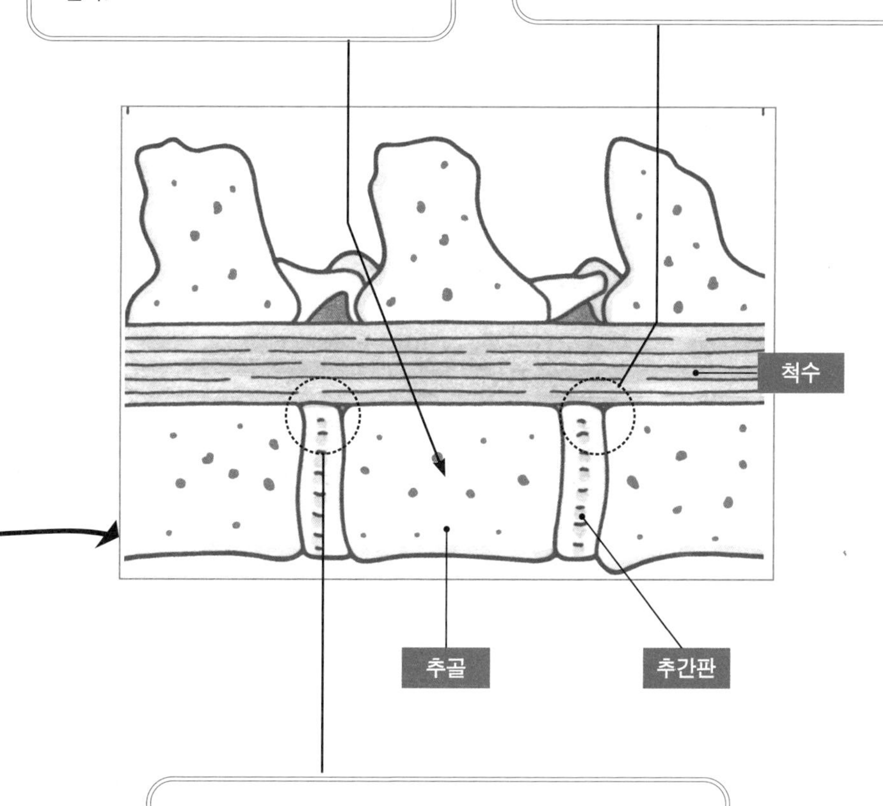

추간판 헤르니아

척추와 척추 사이에 있는 추간판이 어긋나거나 손상되어 척추의 신경을 압박하면서 통증이 발생하는 질병이다. 척추 신경에는 몸의 각 부분의 운동기능을 컨트롤하는 역할이 있기 때문에 압박 부위에 따라서는 마비증상이 나타나기도 한다.

순환기 질환

기관이나 혈관의 탄력저하나 심장의 쇠약 등이 주요 원인이다. 비만기가 있는 개는 특히 주의!

운동 후 반려견의 상태에 신경 쓰자

폐나 기관 등의 호흡기, 심장이나 혈관 등의 순환기는 몸속에 산소를 보내고 이산화탄소를 배출하는 작용을 하는 기관이다. 기관들은 서로 영향을 주고받기 때문에 심장기능이 저하되면 폐에도 이변이 생기는 등 어딘가에 이상이 있으면 다른 기관에도 악영향이 미칠 수밖에 없다.

어떤 질병에 걸리든 바로 숨이 차거나 호흡이 빨라지는 등 비슷한 증상이 나타나는 것이 특징이다. 달음질을 한 후나 산책을 한 후 등 운동 후에 개의 모습을 주의 깊게 살펴 질병의 신호를 놓치지 않도록 하자.

노견이 되면 기관이나 혈관의 탄력이 없어지고 기공이나 혈액도 잘 순환되지 않는다. 그 결과 심장 기능도 점차 약해지면서 다양한 질병을 일으킨다. 비만도 순환기 질병의 위험도를 높이므로 주의해야 한다.

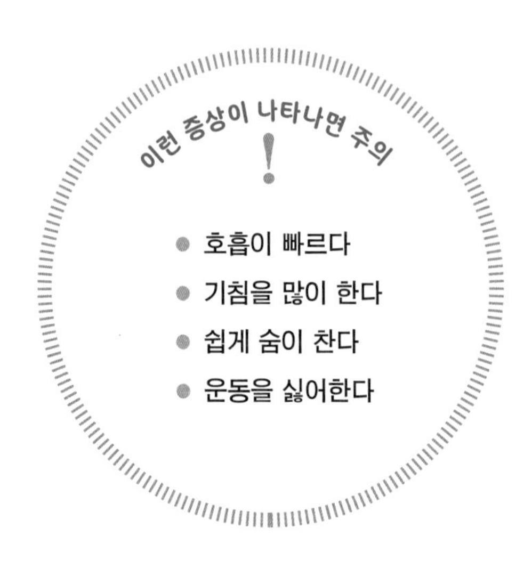

기관허탈

기관이 짓눌려 편평해지면서 공기가 잘 통하지 않게 되는 질병으로 숨을 괴로운 듯 쉬는 것이 특징이다. 유전적인 요인 외에도 '항상 위를 쳐다보고 있다' '당기는 버릇이 있다' 같은 생활습관에서 발병되기도 한다.

승모판폐쇄부전증

나이를 먹을수록 승모판이 변형되어 꽉 닫히지 않게 되는 질병이다. 피가 심장에서 폐로 역류하기 때문에 혈액순환이 나빠지면서 기침이나 호흡곤란 등의 증상이 나타난다. 소형견에게 많이 보이는 질병으로 심장질환의 약 80%를 차지한다.

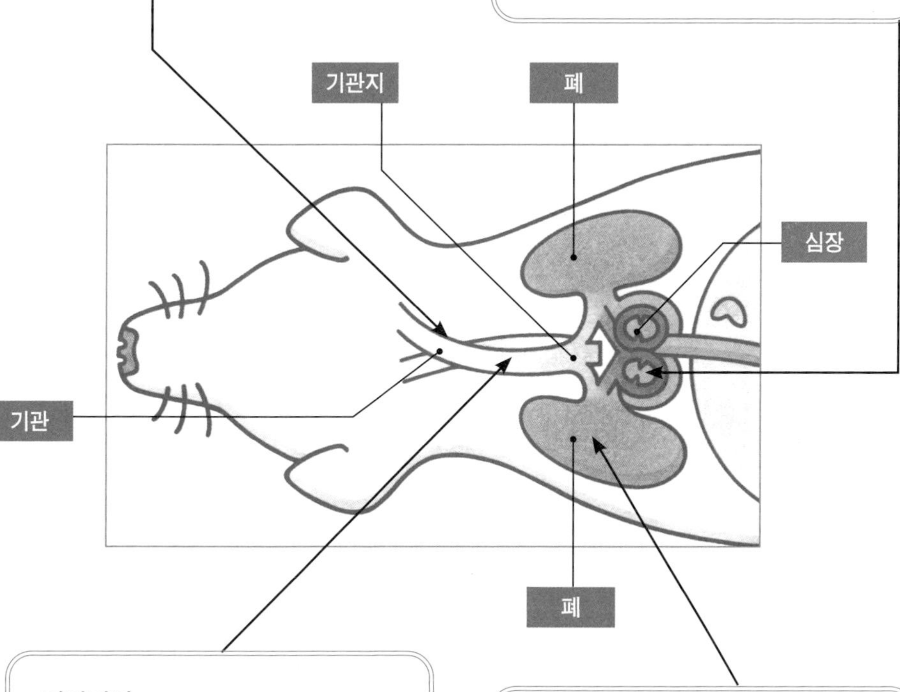

기관지염

기관지가 염증을 일으키는 질병으로 '기침을 계속한다' '목을 만지는 것을 싫어한다' 등의 증상이 있다. 바이러스나 세균 감염, 이물질 오식, 기생충, 알레르기, 만성적인 심장질환 등 다양한 요인으로 발병한다.

폐수종

폐 조직에 체액이 쌓여 호흡을 잘 하지 못하게 되는 질병이다. 심장질환이나 기관지염 등 만성적인 혈액순환부전을 앓고 있으면 걸리기 쉽다. 운동 후에 기침을 하거나 안정 중에도 기침을 하는 등의 증상이 나타나면 주의해야 한다.

소화기 질환

독소의 무독화나 영양소 분해가 정상적으로 이루어지지 않아 온몸에 악영향을 주는 질병이다.

배설 체크나 시니어푸드로 건강관리

소화기란 먹은 음식물을 소화하거나 영양을 흡수하는 기관을 말한다. 식도나 위, 대장 등 외에도 간장이나 담낭, 췌장 등도 소화기에 포함된다.

노화로 이 소화기들의 기능이 떨어지거나 소화에 필요한 효소의 분비가 원활하지 않아 소화 · 흡수 기능이 약해져서 발생한다.

간장은 체내의 독소를 분해하여 무독화시키는 기능을 하는 기관인데, 노견이 되어 그 기능이 떨어지면 독소를 빠르게 분해하지 못하기 때문에 온몸에 악영향을 미치게 된다.

질병을 조기발견하기 위해서는 배설물 체크가 중요하다. 평소 반려견의 대소변을 잘 확인하는 습관을 들이자. 또 노견에게는 소화 · 흡수가 뛰어난 시니어용 푸드를 급여하는 등 몸에 부담을 주지 않는 식사에 신경 쓰도록 한다.

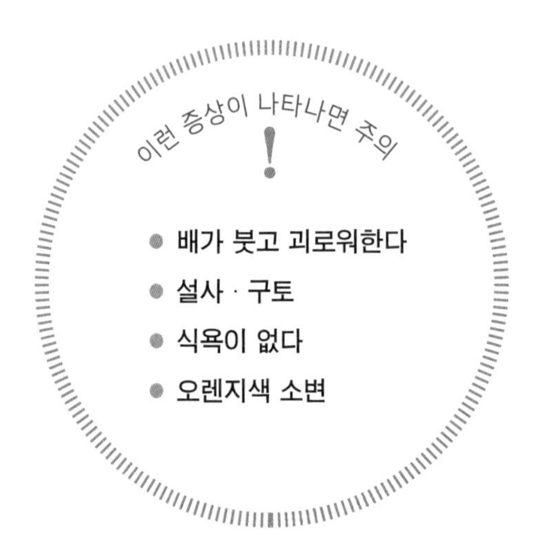

위확장증후군

위 안에 내용물이 없는데도 부어 있는 상태를 말한다. 특히 노견은 소화기능이 약하기 때문에 위속에 가스가 쌓이거나 위의 탄력이 떨어져서 소화시킨 후에도 위가 원래의 크기로 돌아오지 못해서 발생한다.

췌염

췌장은 통상 자신이 분비하는 효소를 지키는 기능이 있는데 췌염은 이 기능이 상실된 질병이다. 효소로 인해 췌장이나 다른 조직에도 장애가 일어나 설사나 구토, 복막염이나 탈수 등의 증상이 나타난다. 지방의 과잉섭취나 고지혈증 등이 원인이 된다.

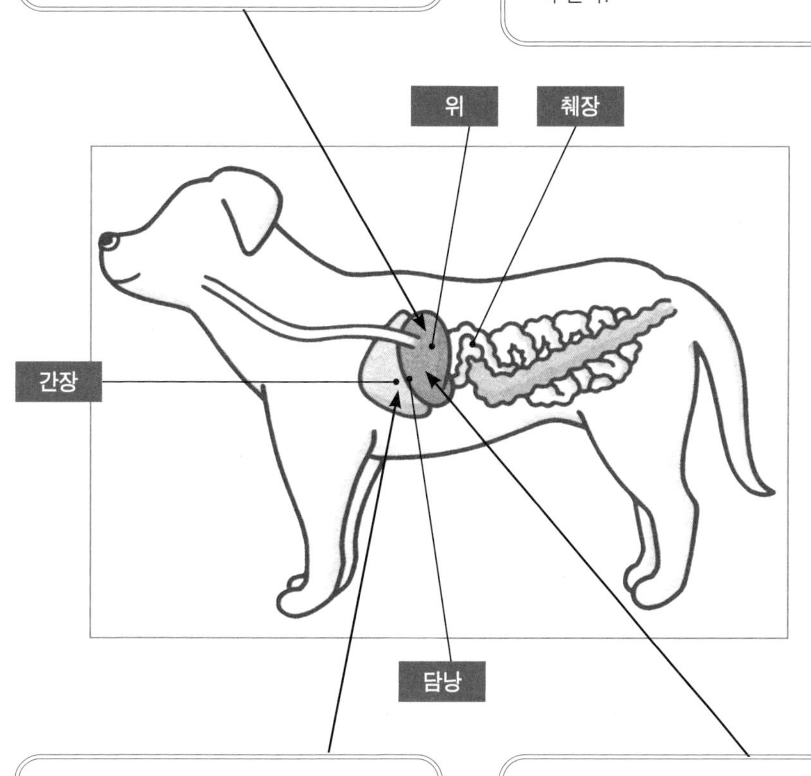

만성간염

간장의 염증이 만성화되어 있는 상태이다. 식욕부진 등의 초기증상 후에 악화되면 오렌지색 소변이 나오거나 복수가 쌓이기도 한다. 간장에 부담이 가는 식생활이나 중독, 바이러스 등 다양한 원인을 짐작할 수 있다.

담낭 내 점액수종

담낭의 기능이 저하되어 담즙이 되직한 타르 상태가 되는 질병이다. 증상이 가벼울 때에는 식사요법이나 내과요법으로도 회복되지만, 악화되면 담관폐색, 담낭파열 등을 일으키기도 한다. 이럴 때에는 긴급수술을 해야 한다.

비뇨기 질환

질병 신호 발견이 어렵고 발견했을 때에는 중증화되어 있기도 한다.
매일 배변 체크가 중요!

노폐물이 몸에 쌓여서 다양한 장애 발생

신장, 요관, 방광, 요도 등의 기관을 비뇨기라고 한다. 혈액 속에 있는 불필요한 노폐물을 제거하고 소변으로 몸밖에 배출하는 역할을 한다.

노견에게는 신장여과시스템이 제대로 기능하지 못하는 증상이 흔히 나타난다. 이로 인해 노폐물이 제대로 제거되지 못한다. 그 밖에도 방광을 수축시키는 근육이 쇠약해지거나 배뇨감각이 둔해지면서 배뇨장애나 빈뇨 등의 증상이 나타나기도 한다. 노견은 면역력도 저하되어 있기 때문에 감염증 등이 병발할 확률이 높으므로 어떤 질병이든 만성화되기 쉽다.

비뇨기 질병은 발견하기도 어렵고 또 발견했을 때에는 이미 중증화되어 있는 케이스가 많으므로 주의가 필요하다. 평소 집에서 소변 횟수나 양, 색깔 등을 체크하고 정기적으로 동물병원에서 소변검사나 혈액검사를 받도록 하자.

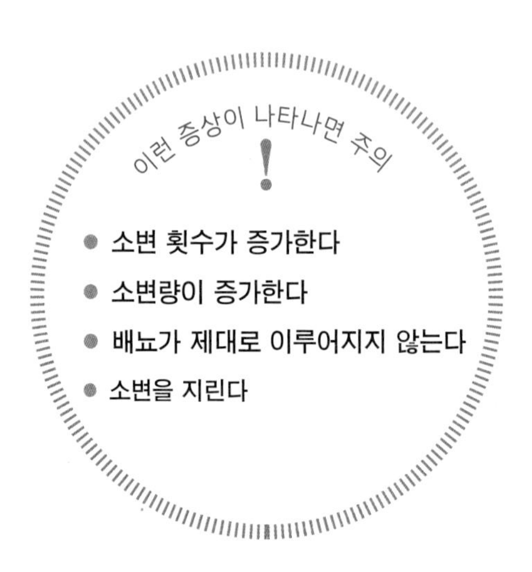

만성신염

노화나 질병에 의해 신장의 여과기능이 저하되어 정상적인 배뇨가 불가능한 질병이다. 혈액 속의 불필요한 노폐물 등을 제거할 수 없기 때문에 소변에 단백질이 배출되거나 혈중 단백질 농도가 낮아지는 등의 장애가 나타난다.

방광염

세균에 의해 방광에 염증이 생기는 질병으로 대부분 요도에서 감염된다. 특히 면역력이 저하된 암컷 노견이 잘 걸리는 경향이 있다. 물을 많이 먹거나 소변 횟수가 증가하는 등의 증상이 나타난다면 방광염일 가능성이 있다.

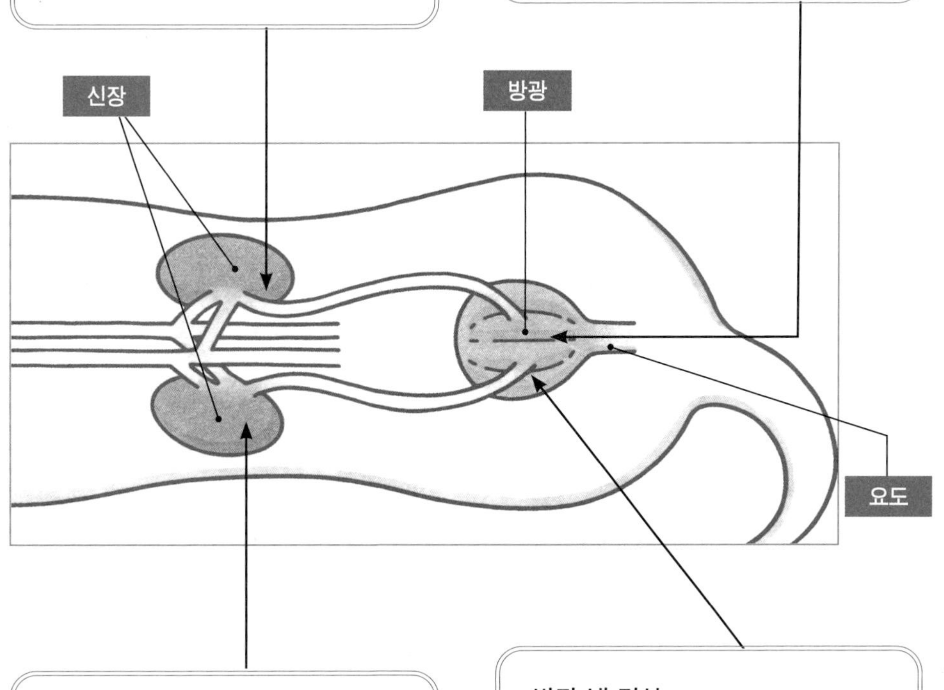

만성신부전

신염 등이 원인이 되어 신장여과기능이 정상적으로 작용하지 않게 되는 증상을 말한다. 급성일 때에는 구토나 탈수, 소변이 나오지 않는 등의 증상이 나타나지만 만성일 때에는 확실한 증상이 나타나지 않기도 한다. 발견했을 때에는 질병이 진행되어 있는 상황일 수도 있으므로 주의한다.

방광 내 결석

세균 감염 등의 원인으로 소변에 함유되어 있는 성분이 결석화되어 딱딱해지다가 돌덩이처럼 되어 요도를 막히게 하는 질병이다. 결정에 따라 방광을 상처 입혀서 방광염을 병발하는 케이스도 적지 않다.

생식기 질환

호르몬 균형의 변화가 원인.
젊을 때 중성화수술을 시키면 발병을 막을 수 있는 케이스가 많다.

성별에 따라 다양한 증상이 나타난다

노견이 되면 다른 기관과 마찬가지로 생식기의 기능이 저하되고 성호르몬의 균형이 무너진다. 또 면역력도 저하되기 때문에 세균에도 감염되기 쉽고 질병에도 잘 걸릴 수 있다. 또 생식기는 종양이 잘 생기는 기관이기 때문에 심각한 질병에 걸릴 가능성이 있다.

생식기 질환의 대표적인 증상으로는 암컷의 경우 물을 많이 마시거나 소변량이 증가하고, 수컷은 변비나 배변이 곤란해지는 케이스 등이 있다. 이런 증상들이 보인다면 생식기 질환일 가능성이 있다.

아래에서 소개하는 것처럼 생식기 질환은 중성화수술로 예방할 수 있다. 단 노견은 체력 면에서 리스크가 있기 때문에 젊을 때 수술받지 않으면 예방이 불가능한 측면도 있다. 주의하자.

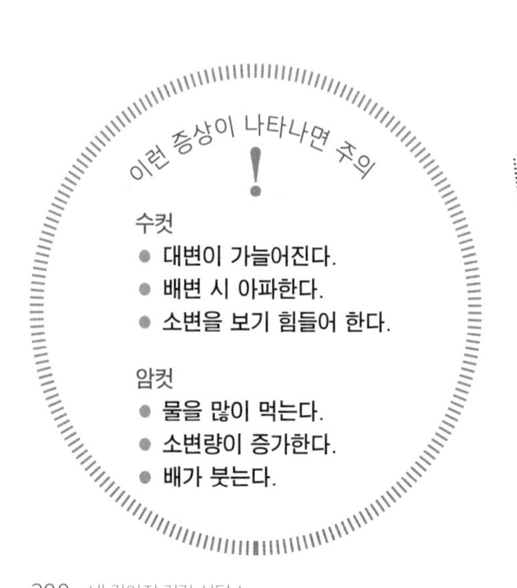

중성화수술을 하면 막을 수 있다!

수컷의 전립샘 비대증이나 암컷의 자궁축농증 등의 생식기 질환은 적절한 시기에 중성화수술을 하면 걸리지 않을 확률이 높다. 반려견의 연령이 아직 어리고 번식시킬 예정이 없다면 중성화수술을 하는 것이 안심할 수 있다. 일단 다니는 병원의 수의사에게 상담해보자.

수컷의 생식기

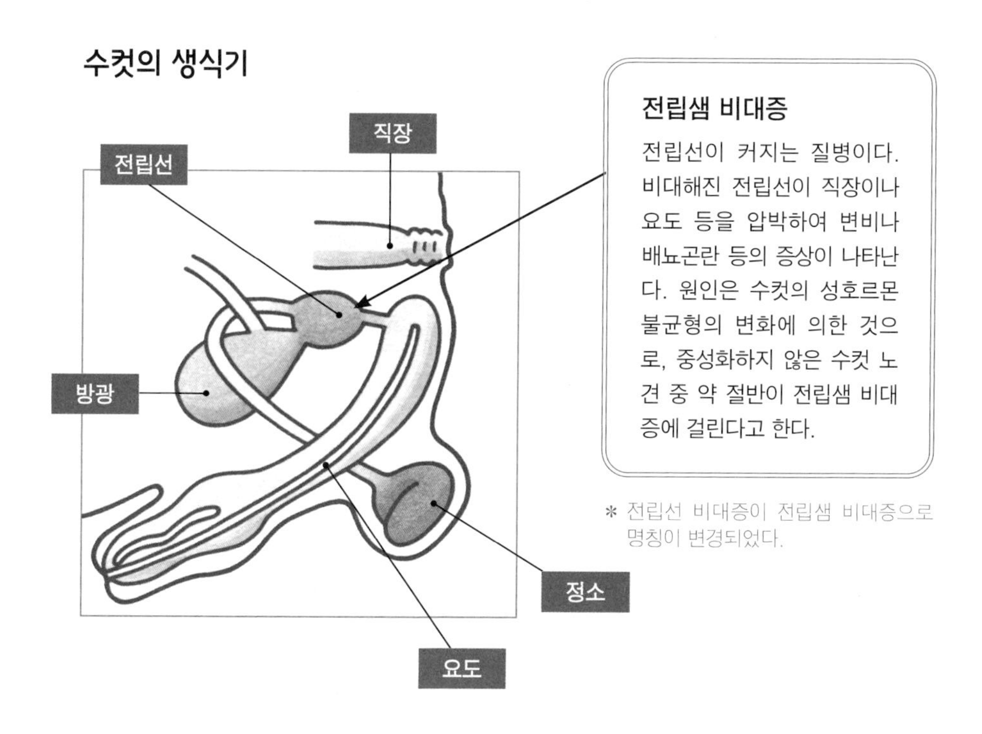

전립샘 비대증

전립선이 커지는 질병이다. 비대해진 전립선이 직장이나 요도 등을 압박하여 변비나 배뇨곤란 등의 증상이 나타난다. 원인은 수컷의 성호르몬 불균형의 변화에 의한 것으로, 중성화하지 않은 수컷 노견 중 약 절반이 전립샘 비대증에 걸린다고 한다.

* 전립선 비대증이 전립샘 비대증으로 명칭이 변경되었다.

암컷의 생식기

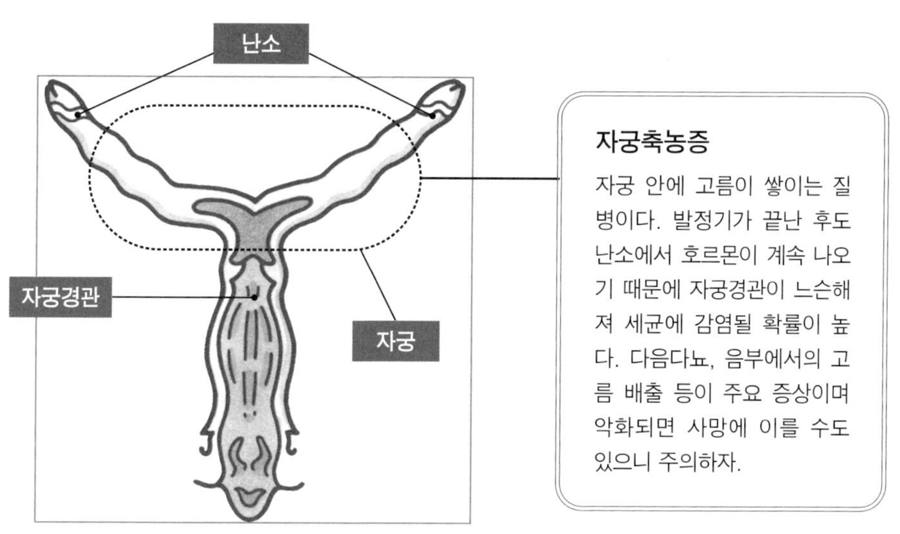

자궁축농증

자궁 안에 고름이 쌓이는 질병이다. 발정기가 끝난 후도 난소에서 호르몬이 계속 나오기 때문에 자궁경관이 느슨해져 세균에 감염될 확률이 높다. 다음다뇨, 음부에서의 고름 배출 등이 주요 증상이며 악화되면 사망에 이를 수도 있으니 주의하자.

호르몬 질환

호르몬에서 분비되는 '내분비샘'의 노화로 다양한 질병이 유발된다.

혈액이나 혈당치 조절, 감정도 컨트롤

호르몬은 혈액의 농도나 혈당치를 조절하는 역할 외에도 체온을 유지하고 대사를 돕고 감정을 컨트롤하는 등의 중요한 기능을 한다.

뇌하수체나 갑상선, 상피소체, 췌장, 부신 등의 내분비샘 조직에서 분비되며 이들 기관에 어떤 문제가 생기면 호르몬 질병에 걸린다.

노견은 내분비샘의 기초대사가 떨어지고 호르몬의 분비량이 지나치게 증가하거나 감소하면서 몸에 다양한 부조화가 나타나게 된다.

노견에게 많이 발견되는 것 중 하나가 갑상선기능저하증이다. 이 질병은 단순히 기운이 없거나 피곤해 보이기 때문에 노화증상으로 착각하기 쉽다. 방치하면 생명에 지장을 주는 위험한 질병이므로 빨리 수의사에게 진료받아야 한다.

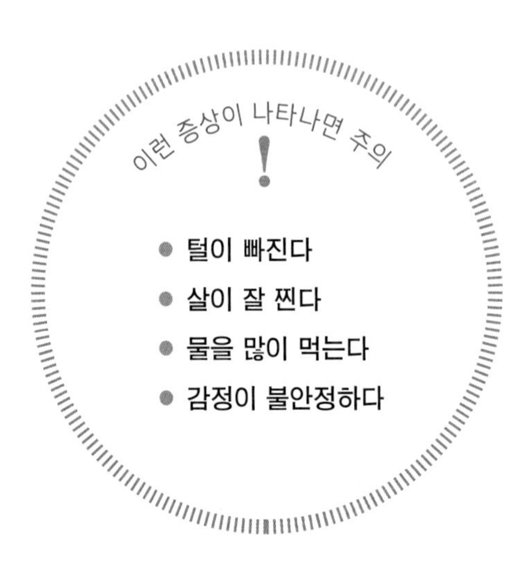

부진피질기능항진증(쿠싱증후군)

부신에서 부신피질호르몬이 과잉으로 분비되는 질병이다. 노견이 이 질병에 걸렸다면 부신피질 종양이 원인인 케이스가 많다. 이상식욕, 다음다뇨, 탈모, 근육 수축 등의 증상이 나타난다.

갑상선기능저하증

갑상선호르몬의 감소로 발생하는 질병. 에너지대사를 못하게 되어 저체온, 식욕부진, 무기력, 피부 건조, 탈모 등의 증상이 나타난다. 갑상선의 염증이나 종양, 뇌하수체 종양 등이 원인이 되어 이 질병에 걸리는 케이스도 많은 것 같다.

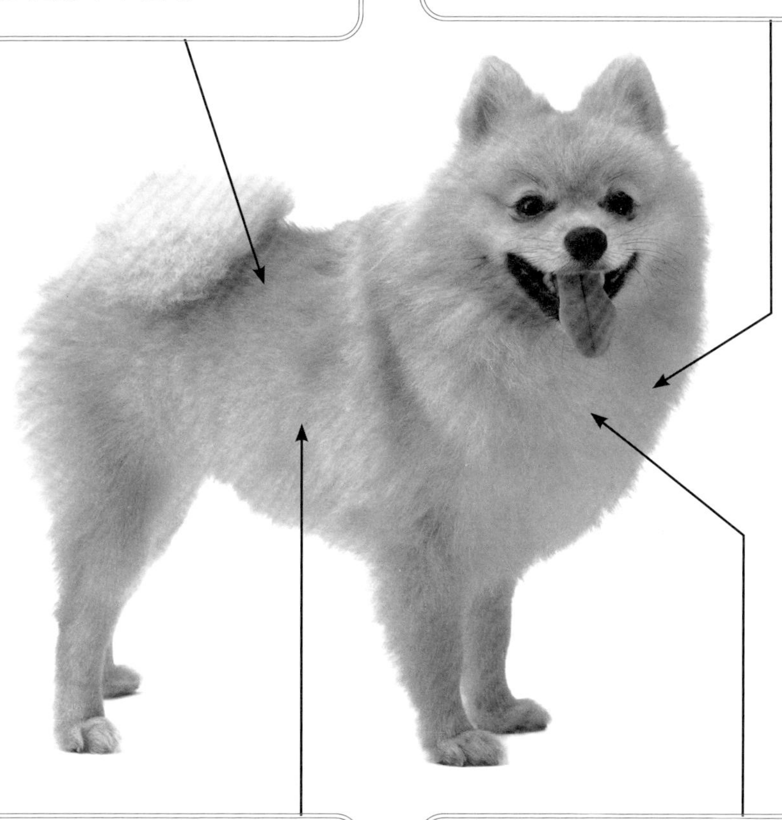

당뇨병

췌장에서 분비되어 혈당치를 제어하는 호르몬 '인슐린'이 부족하여, 당분이나 단백질, 지방 대사가 불가능해지는 질병. 체중 감소. 백내장 외에 악화되면 구토나 설사 등의 증상도 나타난다. 비만이 되면 더 잘 걸리는 질병이다.

상피소체기능항진증

상피소체에서 상피소체호르몬이 과잉으로 분비되는 질병으로 노견의 신장질환으로 인해 대부분 발병한다. 뼈에서는 칼슘이 부족하고 혈액 내에서는 칼슘 양이 증가한다. 다음다뇨, 식욕감퇴, 뼈가 물러지는 등의 증상이 나타난다.

알레르기

꽃가루나 음식물 외에 식기 등이 알레르겐이 되기도 한다.
원인을 밝혀내는 것이 최우선이다.

알레르겐 물질을 멀리한다

알레르기 반응이란 통상 무해한 물질이 피부에 닿거나 체내에 들어갈 때 몸의 면역시스템이 과잉반응해서 공격하는 것이다. 그 결과 자신의 몸까지 공격해서 탈모나 가려움증, 재채기 등의 증상이 나타난다.

어른이 된 후에 화수분증이 나타나는 사람이 있는 것처럼 고령이 된 후에 알레르기를 일으키는 개도 있다. 몸은 동일한 물질에 몇 번이나 접하면서 항체를 만드는데, 이전에는 괜찮았는데 어느 날 갑자기 알레르기 반응을 보이기도 한다.

알레르기를 예방하기 위해서는 같은 음식이나 물질을 주지 않는 것이 중요하다. 일단 알레르기 반응을 보인 것에 대해서는 멀리하는 수밖에 없다. 도그푸드나 식기를 바꾸는 등을 통해 알레르겐 의심물질을 배제하자.

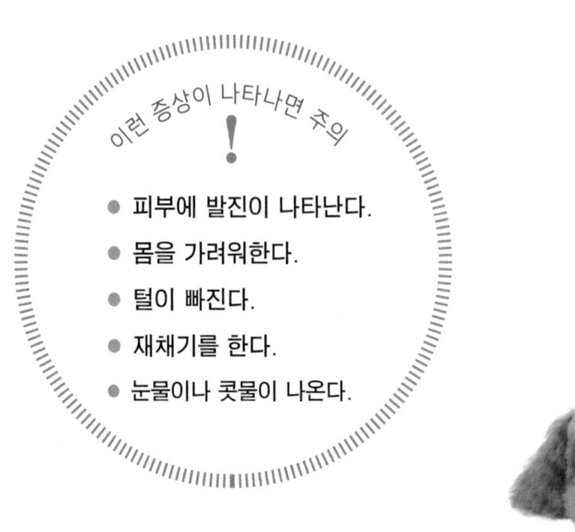

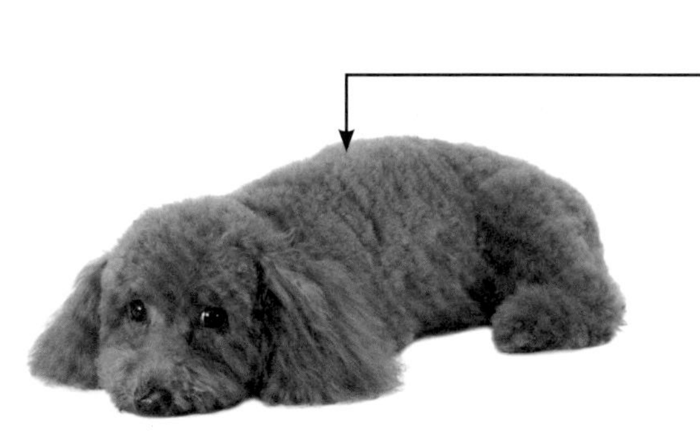

주요 알레르겐

꽃가루 삼나무나 돼지풀 등의 꽃가루도 알레르겐 중 하나인데 그것을 흡입하면 알레르기 증상이 발병한다. 알레르겐이 되는 꽃가루는 사람에게도 마찬가지이므로 꽃가루가 날리는 계절에는 사람도 개도 조심하자.

식기 식기에 사용되는 금속제나 플라스틱이 알레르겐이 되기도 한다. 식기 재질을 도기나 자기 등 현재 사용하는 것과 다른 것으로 바꿔준다.

음식물 개가 먹는 대부분의 것이 알레르겐이 될 수 있다. 특히 단백질에서 많이 발견되며 그중에서도 닭고기에 알레르기 반응을 일으키는 개가 많다.

알레르기 증상

구토나 설사, 복통, 피부염, 눈물이나 콧물 등 그 증상은 다양하다.

뇌·신경·마음의 질병

개가 장수화하면서 증가한 질병
신경세포의 쇠약이나 불안 · 스트레스가 원인이 되기도 한다

개의 행동을 이해하고 애정을 담아 대할 것

노견이 되면 뇌의 신경세포 활동이 떨어지고 신경의 정보전달속도가 느려진다. 또 노화로 뇌의 기능을 지시하는 호르몬인 도파민의 생산량이 줄어드는 것도 뇌기능 저하의 원인이 된다.

이렇게 뇌의 노화로 변화를 무서워하거나 새로운 환경에 대한 자극에 대응하지 못하는 증상이 나타나게 된다. 과거의 기억이 흐려지기도 하고, 반려인을 알아보지 못하게 되는 등 정신적으로도 쉽게 불안정해지기 때문에 마음의 질병에도 걸리기 쉽다.

뇌나 마음의 질병은 치료가 어렵기는 하지만 반려인이 반려견을 이해하고 애정을 담아 대하는 것이 무엇보다 중요하다. 뇌를 적당히 자극하여 활발하게 활동시켜 뇌의 쇠약을 예방하는 데 힘쓰자.

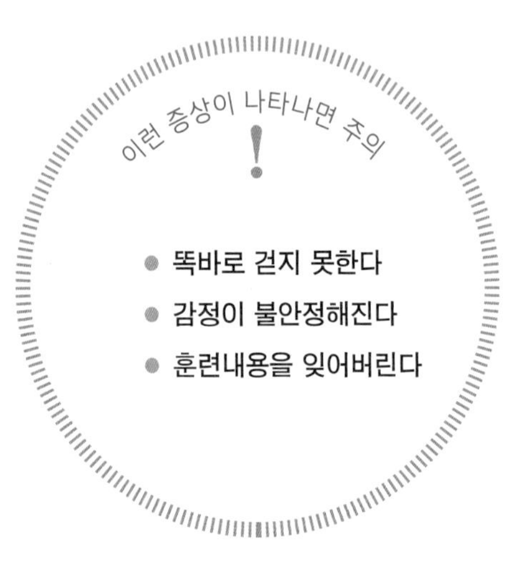

치매

대뇌피질이 위축되어 멍해지거나 이상한 행동을 하는 질병. '반려인을 인식하지 못한다' '밤에 운다' '배설 실수를 한다' 등의 증상이 나타난다. 치료법은 아직 없지만 뇌를 활성화시키면 증상이 개선되기도 한다.

전정장애

몸의 평형감각을 유지하는 전정에 장애가 생기는 질병이다. 뇌간 등에 대한 신경전달이 정상적으로 이루어지지 않고 구토나 사경(목 기울어짐 현상), 똑바로 걷지 못하게 되는 등의 증상이 나타난다. 적절한 치료를 하면 완치될 가능성도 있다.

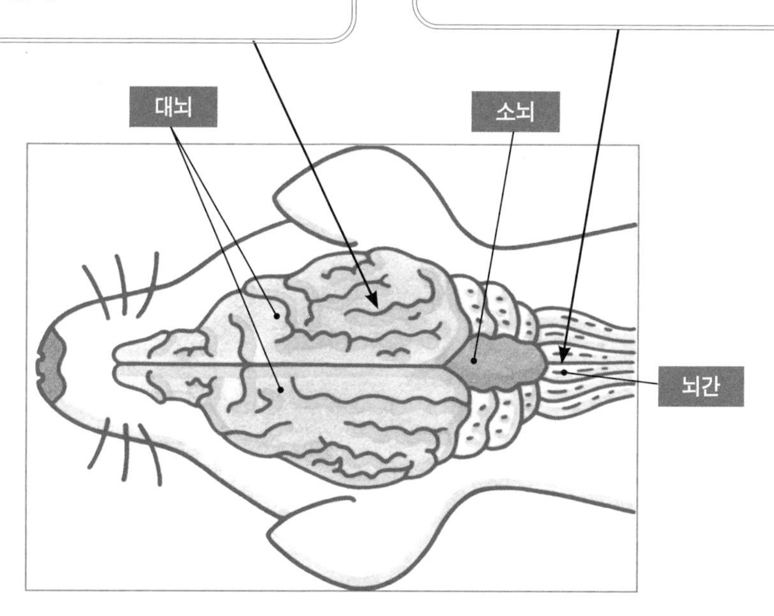

마음의 질병 ❶ 상동증

상동증이란 같은 행동을 몇 번씩 반복하는 등의 이상행동을 말한다. 흔히 자신의 꼬리를 쫓거나 다리를 계속 핥는 등의 증상이 나타난다. 대부분 불안함이나 스트레스가 원인이기 때문에 운동이나 놀이, 반려인과의 커뮤니케이션을 늘리면 개선될 여지가 있다.

마음의 질병 ❷ 분리불안

반려인과 떨어져 있으면 불안해져서 '헛울음' '부적절한 장소에서 배설' '가구파손' 등의 문제행동을 일으킨다. 의존심이 강하고 반려인에게 과도하게 사랑받는 개에게 많이 나타난다. 개의 불안을 해소시키는 세심한 케어가 필요하다.

흔히 발생하는 견종별 질병 리스트

유전 등의 영향으로 견종마다 잘 걸리는 질병이 있다. 미리 알아두면 질병 예방에 도움이 될 것이다.

	치매	알레르기	건성각결막염	녹내장	백내장	치주병	갑상선기능저하증	부신피질기능항진증	당뇨병	기관지염	기관허탈	승모판폐쇄부전	추간판헤르니아	항문주위선종	정소종양
웨스트하이랜드 화이트테리어		🐾	🐾							🐾					
웰시 코기 펨브룩													🐾		
카발리어 킹 찰스 스파니엘												🐾			
골든 리트리버		🐾			🐾		🐾		🐾						
코카 스파니엘		🐾	🐾	🐾	🐾		🐾			🐾			🐾	🐾	🐾
시추		🐾	🐾			🐾		🐾				🐾	🐾		
셰틀랜드 십독					🐾		🐾				🐾				🐾
시바견	🐾	🐾													
잭 러셀 테리어		🐾			🐾			🐾	🐾						
치와와			🐾	🐾		🐾				🐾	🐾	🐾			
토이 푸들						🐾	🐾	🐾	🐾	🐾	🐾	🐾	🐾		🐾
퍼그			🐾								🐾				
파피용						🐾					🐾				
비글				🐾	🐾			🐾					🐾	🐾	
프렌치 불독		🐾			🐾										
포메라니안						🐾	🐾	🐾		🐾	🐾	🐾			🐾
말티즈						🐾			🐾		🐾	🐾			
미니어처 슈나우저			🐾				🐾								🐾
미니어처 닥스훈트					🐾		🐾	🐾	🐾				🐾	🐾	🐾
요크셔테리어						🐾		🐾	🐾	🐾	🐾	🐾			🐾
래브라도 리트리버		🐾			🐾		🐾		🐾						

※ 견종에 따라 잘 걸리는 주요 질병

부록

- 국제 기준으로 통용되는 펫푸드 영양 성분 가이드
- 사료 등급과 종류
- 6개월 단위 체중 기록
- 연간 체크 케어 항목
- 항체검사 기록
- 가정 내 특이사항 관찰 기록

국제 기준으로 통용되는 펫푸드 영양 성분 가이드

민간기관인 미국사료협회 AAFCO Association of American Feeding Control Officials 가 제시하는 펫푸드의 영양 성분 가이드라인은 전 세계적인 영향력을 갖고 있다.

AAFCO는 매년 두 차례의 정기 총회를 통해 동물 사료의 제조 · 유통 관련 이슈와 안건을 검토하고 문서화해 강아지와 고양이의 주식이 지켜야 할 최소 기준치를 포함한 내용을 매년 10월 공식 간행물로 발표하고 있다. 2020년 영양 결핍이 발생하지 않기 위한 최소한의 기본으로 발표한 내용은 다음과 같다.

2020 AAFCO 강아지 최소 영양소 기준*

성분명	임신 · 성장기	성숙기	최대치
조단백 (Crude protein)	22.50%	18.00%	
조지방 (Crude fat)	8.50%	5.50%	
칼슘 (Calcium)	1.20%	0.50%	2.5%(1.8%)
인 (Phosphorus)	1.00%	0.40%	1.60%
칼슘:인 (Ca:P)	1:1	1:1	2:1

* 4,000 kcal/kg, 수분 0%(DM, Dry Matter) 기준입니다.

사료 등급과 종류

사료 등급

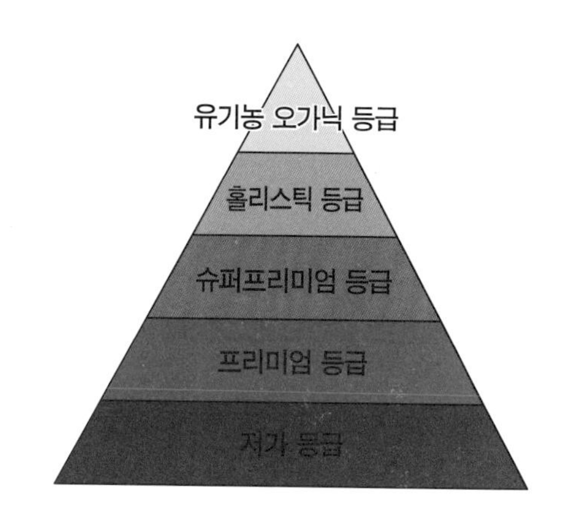

유기농 오가닉 등급

공신력을 가진 인증기관에서 인증한, 사람이 먹어도 되는 깨끗한 유기농 재료를 사용한 최고등급의 사료이다. 하지만 비싸다는 단점이 있다. 그리고 오가닉이라고 해서 반드시 내 강아지에게 최고로 좋은 사료인 것은 아니다.

홀리스틱 등급

USDA의 인증을 받은, 사람도 먹을 수 있는 깨끗한 재료를 사용했다. 합성방부재, 항생제, 살충제를 사용하지 않았고 영양소 파괴를 줄이기 위한 저온 조리와 알레르기 유발 성분을 사용하지 않은 사료이다.

슈퍼프리미엄 등급

육류 성분이 곡물 함량보다 높으며 부산물을 사용하지 않지만 인공방부재와 색소 등이 첨가되어 있다. 알레르기 유발 성분(옥수수, 대두, 밀 등)이 포함되어 있을 수도 있다.

프리미엄 등급

부산물로 만드는 대표적인 사료 등급이다. 재료가 불분명하고 인공방부재 등이 첨가되어 있는 고온 조리 사료이다.

저가 등급

마트용으로 많이 소비되고 있다. 육류보다는 곡물 함량이 높으며 골육분, 곡물 찌꺼기 등을 사용해 만들었고 인공방부재와 색소 등이 첨가되었다.

무등급

용량에 비해 가격이 무척 저렴하지만 각종 부산물과 알레르기 유발 재료 및 육분 찌꺼지 등을 이용해 만들었다. 또한 재료표시가 없는 저가 양산형 사료로, 주로 대형견용으로 소비되고 있다.

※ 질병 등에 의한 처방식 사료는 담당 수의사와 상담해 처방받을 수 있다.

사료 종류

사료 등급도 다양하지만 사료의 종류도 연령, 목적에 따라 다양하다.
간단히 정리하면 다음과 같다.

- 2~12개월령의 어린 강아지용 사료
- 1세 이상의 성견용 사료
- 노령견 전용 사료
- 비만견 전용 다이어트식 사료
- 관절 문제견을 위한 사료
- 피부와 모질 개선용 사료

이 외에도 견종별 사료 등 다양하다

6개월 단위 체중 기록

날짜	체중

날짜	체중

날짜	체중

연간 체크 케어 항목

평소에는 힘든 체크지만 1년에 1회 정도는 하는 것이 좋다.
큰 것은 수의사와 상담한다.

연도	검사 항목		
	☐ 흉부와 복부의 엑스레이 촬영	☐ 건강진단용 혈액검사	☐ 검변
	진료 상담 내용		
	☐ 흉부와 복부의 엑스레이 촬영	☐ 건강진단용 혈액검사	☐ 검변
	진료 상담 내용		
	☐ 흉부와 복부의 엑스레이 촬영	☐ 건강진단용 혈액검사	☐ 검변
	진료 상담 내용		
	☐ 흉부와 복부의 엑스레이 촬영	☐ 건강진단용 혈액검사	☐ 검변
	진료 상담 내용		
	☐ 흉부와 복부의 엑스레이 촬영	☐ 건강진단용 혈액검사	☐ 검변
	진료 상담 내용		

연간 체크 케어 항목

연도	검사 항목		
	☐ 흉부와 복부의 엑스레이 촬영	☐ 건강진단용 혈액검사	☐ 검변
	진료 상담 내용		
	☐ 흉부와 복부의 엑스레이 촬영	☐ 건강진단용 혈액검사	☐ 검변
	진료 상담 내용		
	☐ 흉부와 복부의 엑스레이 촬영	☐ 건강진단용 혈액검사	☐ 검변
	진료 상담 내용		
	☐ 흉부와 복부의 엑스레이 촬영	☐ 건강진단용 혈액검사	☐ 검변
	진료 상담 내용		
	☐ 흉부와 복부의 엑스레이 촬영	☐ 건강진단용 혈액검사	☐ 검변
	진료 상담 내용		

연간 체크 케어 항목

연도	검사 항목		
	☐ 흉부와 복부의 엑스레이 촬영	☐ 건강진단용 혈액검사	☐ 검변
	진료 상담 내용		
	☐ 흉부와 복부의 엑스레이 촬영	☐ 건강진단용 혈액검사	☐ 검변
	진료 상담 내용		
	☐ 흉부와 복부의 엑스레이 촬영	☐ 건강진단용 혈액검사	☐ 검변
	진료 상담 내용		
	☐ 흉부와 복부의 엑스레이 촬영	☐ 건강진단용 혈액검사	☐ 검변
	진료 상담 내용		
	☐ 흉부와 복부의 엑스레이 촬영	☐ 건강진단용 혈액검사	☐ 검변
	진료 상담 내용		

항체검사 기록

항체검사란 질병을 방어할 수 있는지 알아보는 수단이다. 항체는 개체마다 지속기간이 다르기 때문에 어릴 적 예방접종을 완료했어도 사라질 수 있는 만큼 1년에 한 번씩은 체크해주는 것이 좋다.

검사일	검사 항목	검사 결과
	홍역	
	간염	
	파보장염	

검사일	검사 항목	검사 결과
	홍역	
	간염	
	파보장염	

검사일	검사 항목	검사 결과
	홍역	
	간염	
	파보장염	

검사일	검사 항목	검사 결과
	홍역	
	간염	
	파보장염	

검사일	검사 항목	검사 결과
	홍역	
	간염	
	파보장염	

검사일	검사 항목	검사 결과
	홍역	
	간염	
	파보장염	

검사일	검사 항목	검사 결과
	홍역	
	간염	
	파보장염	

검사일	검사 항목	검사 결과
	홍역	
	간염	
	파보장염	

검사일	검사 항목	검사 결과
	홍역	
	간염	
	파보장염	

가정 내 특이사항 관찰 기록